高等学校艺术设计专业课程改革教材

普通高等教育"十三五"规划教材

住宅庭院设计

（第 2 版）

主　编　文　健　赵　晨　曾成茵

副主编　王文勇　胡　娉

清 华 大 学 出 版 社

北 京 交 通 大 学 出 版 社

·北京·

内 容 简 介

本书主要内容分为五个项目：项目一介绍住宅庭院设计基础，包括住宅庭院设计的风格、程序和设计要素；项目二介绍住宅庭院的配景设计，包括住宅庭院建筑小品设计的方法和技巧，以及住宅庭院植物的搭配技巧；项目三介绍住宅小区的庭院设计，包括住宅小区庭院设计的方法和技巧，以及住宅小区庭院设计案例的分析与讲解；项目四介绍别墅庭院的设计，包括别墅庭院设计的方法和技巧，以及别墅庭院设计案例的分析；项目五为美丽乡村设计案例赏析。

本书可作为高职高专类院校和中职中专类院校园林景观设计和环境艺术设计专业的教材，还可以作为行业爱好者的自学辅导用书。

图书在版编目（CIP）数据

住宅庭院设计／文健，赵晨，曾成茵主编. —2 版 . —北京：北京交通大学出版社：清华大学出版社，2020. 1 （2025. 6 重印）

高等学校艺术设计专业课程改革教材

ISBN 978-7-5121-4105-6

Ⅰ. ① 住…　Ⅱ. ① 文…　② 赵…　③ 曾…　Ⅲ. ① 庭院-景观设计-高等职业教育-教材

Ⅳ. ① TU986. 2

中国版本图书馆 CIP 数据核字（2019）第 246701 号

住宅庭院设计
ZHUZHAI TINGYUAN SHEJI

责任编辑：许啸东

出版发行：清 华 大 学 出 版 社　　邮编：100084　　电话：010 – 62776969　　http：//www. tup. com. cn
　　　　　北京交通大学出版社　　邮编：100044　　电话：010 – 51686414　　http：//www. bjtup. com. cn
印 刷 者：北京虎彩文化传播有限公司
经　　销：全国新华书店
开　　本：210 mm×285 mm　　印张：11.75　　字数：372 千字
版　　次：2020 年 1 月第 2 版　　2025 年 6 月第 5 次印刷
书　　号：ISBN 978 – 7 – 5121 – 4105 – 6/TU·190
定　　价：69. 00 元

本书如有质量问题，请向北京交通大学出版社质监组反映。对您的意见和批评，我们表示欢迎和感谢。
投诉电话：010 – 51686043，51686008；传真：010 – 62225406；E-mail：press@ bjtu. edu. cn。

编委会成员

（排名不分先后）

"十二五"高职高专艺术设计专业规划教材

一、合作学校（排名不分先后）

广州城建职业学院	广州航海学院
广州美术学院继续教育学院	广州城建技工学校
广西师范大学	广州番禺职业技术学院
广州科技职业技术学院	广州涉外经济职业技术学院
广东农工商职业技术学院	广州大学纺织服装学院
广西师范大学职业技术师范学院	广州市纺织服装职业学校
柳州城市职业技术学院	广东机电职业技术学院
桂林理工大学博文管理学院	清远职业技术学院
桂林旅游高等专科学校	淄博市技师学院
广州大学华软软件学院	广州市轻工技师学院
中山职业技术学院	广东省国防科技技师学院
北京师范大学珠海学院	北京理工大学珠海学院
广东工商职业技术大学	南京工业职业技术学院
广东理工学院	黑龙江农业职业学院
广东技术师范学院美术学院	广西师范大学漓江学院
广东技术师范学院天河学院	华南农业大学珠江学院
广东岭南现代技工学校	广州城市职业学院
广东省理工职业技术学校	珠海城市职业技术学院
广州海珠商务职业学校	广州市番禺区新造职业技术学校

二、合作支持企业（校企合作共建课程体系）

广东省装饰行业协会	广东省美术设计装修工程有限公司
广东省环境艺术设计协会	广州华业鸿图装饰设计工程有限公司
广东省设计师中心	广州翰思装饰设计有限公司
广东集美装饰设计工程有限公司	广东名达装饰工程有限公司

前　言

　　住宅庭院设计是环境艺术设计和园林景观设计业的一门必修专业课。住宅庭院设计是对私人住宅的内部庭院进行规划、布置和造型样式的设计，内容包括庭院的风格营造、配景小品造型设计、植物搭配、交通流线设计和材质运用等各个方面。住宅庭院设计课程的学习有利于提高学生的庭院空间思维能力和空间创造能力，为今后从事相关的设计工作打下良好的基础。

　　本教材从2014年第一次出版以来深受读者欢迎，经过5年的时间，现在对本教材进行修订再版。本次修订强化了住宅庭院设计作为环境艺术设计和园林景观设计教学体系中前沿性课程与后续专业课程之间的联系和衔接，将环境艺术设计和园林景观设计教学与后续的专业设计，如场地设计和规划设计有机地结合起来，使住宅庭院设计的教学更具实用性和实战性，与后续专业设计以及教学体系之间的联系更加紧密，也更有利于学生运用所学的住宅庭院设计知识解决景观设计实践中的具体问题，提高学生的设计思维能力和设计创新能力。此外，第2版更注重理论知识与实践能力培养的有效结合，力求提高学生的学习理解能力和实践动手能力。教材中选用的经典案例都是实际的住宅庭院设计项目，实用性极高。

　　本教材第2版严格按照职业教育人才培养方案规定的培养目标进行编写，注重理论分析与实践表达的有机结合，将设计创新能力和设计表现能力培养作为训练的项目和任务，促进学生的设计创新思维建立和设计表现能力的提高。同时，注重对住宅庭院设计教学典型案例的分析与提炼，工学结合，以项目化、任务化的方式将项目分解成若干个任务模块，按照由易到难、由简单到复杂的规律逐步训练学生的空间思维设计和空间创新设计能力。

　　本教材第2版得到了广州城建职业学院建筑工程学院广大师生的大力支持和帮助，在此表示衷心的感谢。由于编者的学术水平有限，本书可能存在一些不足之处，敬请读者批评指正。

文　健

2019. 8. 28

目 录

住宅庭院设计基础

【学习目标】

1. 了解住宅庭院设计的风格；

2. 掌握住宅庭院设计的程序；

3. 掌握住宅庭院设计的要素。

【教学方法】

1. 讲授理论、结合图片展示，通过大量的不同风格的住宅庭院设计案例分析，启发和引导学生的设计思维；

2. 教师为主导，运用多种教学方式，激发学生学习积极性；学生为主体，注重锻炼学生的动手能力和实践操作能力。

【学习要点】

1. 能按照住宅庭院设计的程序进行住宅庭院景观设计；

2. 能运用住宅庭院的设计要素进行住宅庭院景观设计。

任务一　了解住宅庭院设计的风格

【学习目标】

1. 了解住宅庭院设计的常见风格；

2. 能根据住宅的使用要求设计出不同风格的住宅庭院景观。

【教学方法】

1. 讲授理论与展示图片结合，同时利用课堂提问和现场教学，以及大量的不同风格的住宅庭院案例分析，启发和引导学生的设计思维；

2. 运用头脑风暴法激发学生的设计思维，注重锻炼学生的创新能力和实践动手能力。

【学习要点】

1. 住宅庭院设计的常见风格及主要特征；

2. 不同风格的住宅庭院景观的设计要点。

一、园林景观设计和住宅庭院设计的基本概念

园林景观是指具有审美特征的自然和人工的地表园林景色，它是一定区域内由地形、地貌、土壤、水体、植物和建筑等所构成的园艺和林木的综合体。园林景观设计是一门以环境景观规划为主题的设计学专业学科。它所涉及的范围非常广泛，是一门集艺术学、工程技术学、环境学、生态学、植物配置学、社会人文学等门类为一体的综合性学科。园林景观设计的宗旨就是通过对特定环境进行科学的分析、合理的规划，表现出具有一定社会文化内涵和审美趋向的景色，从而为人类的户外活动创造一个良性的、优化的、艺术化的环境。

住宅庭院设计是园林景观设计的一个分支。住宅庭院是指住宅建筑的外围院落，是居住者陶冶性情、休闲娱乐的场所。住宅庭院设计就是对住宅庭院进行合理的规划和布局，使之在功能上更加完善，在视觉效果上更加美观。

住宅庭院设计应创造符合多样统一的美学原则，拥有清心悦目的视觉效果和人性化的空间景观。住宅庭院空间中的各景观造型应相互协调、相互衬托，共同构成一个和谐的整体，形成一个有序的空间序列。空间设施的尺度应符合人体工程学，体现设计的人性化，亲切宜人。各要素多样统一，空间形象简洁明快，具有

时代特色和美感。住宅庭院空间设计应重视人类心理需求的多样性，力图超越形式主题，创造出有个性意义的环境，给人以归属感、领域感和依赖感。富有个性的庭院空间环境是通过色彩、装饰和质感作与众不同的处理而形成的，塑造住宅庭院空间的个性，有利于加强庭院给人们的视觉吸引与情绪上的感染力。空间的个性在人们情绪上所引起的反应能使人获得深刻的印象与特殊的美感。个性化的设计是通过可见的形状、尺度、色彩和质感来表现的，而深层内涵的性格认同与气氛感受则是通过人的生理、心理体验来表达的。

二、住宅庭院的分类

住宅庭院大体上可以分为规则式住宅庭院、自然式住宅庭院和混合式住宅庭院三大类。

1. 规则式住宅庭院

规则式住宅庭院的构图多为几何图形，设计要素也常为规则的球体、圆柱体、圆锥体等。规则式庭院又分为对称式和不对称式。对称式有两条中轴线，在庭院中心点相交，将庭院分成完全对称的4个部分。规则对称式庭院庄重大气，给人以宁静、稳定、秩序井然的感觉；不对称式庭院的两条轴线不在庭院的中心点相交，单种构成要素也常为奇数，不同几何形状的构成要素布局只注重调整庭院视觉重心而不强调重复。相对于前者，后者较有动感且显活泼。

2. 自然式住宅庭院

自然式住宅庭院是完全模仿纯天然景观的极具野趣美的庭院样式。其不采用有明显人工痕迹的结构和材料。设计上追求虽由人做，但宛如天成的美学境界。即使一定要建的硬质构造物，也采用天然木材或当地的石料，以使之融入周围环境。

3. 混合式住宅庭院

大部分庭院兼有规则式和自然式的特点，这就是混合式庭院。混合式庭院有三类表现形式：一类是规则的构成元素呈自然式布局，欧洲古典贵族庭院多有此类特点；第二类是自然式构成元素呈规则式布局，如北方的四合院庭院；第三类是规则的硬质构造物与自然的软质元素自然连接。

三、住宅庭院设计的常见风格

住宅庭院设计的常见风格主要有中式庭院风格、现代庭院风格和欧式庭院风格三种。其中，中式庭院风格讲究意境，使人与自然亲密接触，高度和谐；欧式庭院属于西方庭院，西方庭院讲究规则性的布局，强调对称、均衡原则，表现出整齐、秩序、统一大方的效果。各民族在历史的演进中积累了许多优秀的庭院设计经验，为庭院设计的发展奠定了坚实的基础。

1. 中式庭院风格

中式庭院风格荟萃了中国的文学、哲学、美学、绘画、戏剧、书法、雕刻、建筑等艺术门类，形成了浓郁而又精致的艺术形式，成为中国文化一个重要的组成部分。中式庭院以其独特的艺术风格和意趣，丰富的历史内涵和精神追求，在世界园林庭院史上独树一帜。

中式庭院景观是主观化了的艺术品，它的创作如同中国的诗文和写意画一样，讲究韵味，妙在情趣，极重意境。中国从秦汉时期开始就改变了单纯利用天然山水造园的方式，而采用构石为山的人工造园手法。到唐代和宋代，出现了自然山水写意园林，这个时期，写意式的假山真水成为造园的主要方式，其构思巧妙，追求诗画意境，将自然界的真山真水浓缩于小庭院中。现代中式庭院的设计吸收了传统的精华，其设计的主要内容包括对山水、植物、建筑等物质性建构的处理，框景、障景、虚实、疏密等艺术技巧的应用，曲折、平直、繁杂、单纯、规则、自由等造型法则的选择，高雅、通俗、入世、出世、崇高、神圣、富有、清贫等意境的营造等。

中式庭院有三个分支，即北方的四合院、江南私家园林和岭南园林。四合院是中国北方民用住宅中的一种组合建筑形式，是一种四四方方的住宅院落，又称四合房，是中国的一种传统合院式建筑。其格局为一个院子四面建有房屋，通常由正房、东西厢房和倒座房组成，从四面将庭院合围在中间，这样的布局既有利于采光，又可以避免北方冬季的寒风。四合院建筑的规划布局以南北纵轴对称布置和封闭独立的院落为基本特征，形成以家庭院落为中心、街坊邻里为干线、社区地域为平面的社会网络系统，同时也形成了一个符合人的心理、保持传统文化和邻里融洽关系的居住环境。四合院是中国古人伦理、道德观念的集合体，艺术、美学思想的凝固物，是中华文化的立体结晶。

北京的四合院是四合院建筑中最具代表性的样式，其格局包括宅门、影壁、庭院、正房（坐北朝南）、后罩房、东西两侧的厢房、耳房等。北京四合院的典型特征是外观规矩，中线对称，整体方正、平稳，给人以庄重、大气的感觉，如图 1-1 所示。

图 1-1 北京的四合院

中国传统的庭院规划深受传统哲学和绘画的影响，自古就有"绘画乃造园之母"的说法，其中最具参考性的是明清两代的江南私家园林。江南私家园林重视寓情于景，情景交融，寓意于物，以物比德，人们把作为审美对象的自然景物看作是品德美、精神美和人格美的一种象征。江南私家园林多数受到文人士大夫阶层审美的影响，注重文化积淀，讲究气质与韵味，重视诗画情趣和意境创造，倾向于表现含蓄、优雅、清新的格调，强调点面的精巧，追求清幽、平淡、质朴、自然的园林景观效果。

我国东部江苏省的苏州是我国著名的历史文化名城，这里素来以山水秀丽、园林典雅而闻名天下，有"江南园林甲天下，苏州园林甲江南"的美称。苏州园林讲究在有限的空间范围内，利用独特的造园艺术，将湖光山色与亭台楼阁融为一体，把生意盎然的自然美和创造性的艺术美融为一体，令人不出城市便可感受到山林的自然之美。此外，苏州园林还有着极为丰富的文化底蕴，它所反映出的造园艺术、建筑特色以及文人墨客们留下的诗画墨迹，无不折射出中国传统文化的精髓和内涵。

苏州古典园林宅园合一，可赏，可游，可居，体现出了在人口密集和缺乏自然风光的城市中，人类依恋自然，追求与自然和谐相处，美化和完善自身居住环境的一种心理诉求。拙政园、留园、网师园、环秀山庄这四座古典园林，建筑类型齐全，保存完整，系统而全面地展示了苏州古典园林建筑的布局、结构、造型、风格、色彩以及装修、家具、陈设等各方面的内容。是明清时期江南民间建筑与私家园林的代表作品，反映了这一时期中国江南地区高超的造园水平。

苏州古典园林的历史可上溯至公元前6世纪春秋时吴王的园囿，私家园林最早有记载的是东晋（4世纪）的辟疆园。江南历代造园兴盛，名园众多。明清时期，苏州成为中国最繁华的地区之一，私家园林遍布古城内外。16—18世纪全盛时期，苏州有园林200余处，现在保存尚好的有数十处，并因此使苏州获得"人间天堂"的美誉。

苏州古典园林历史绵延两千余年，在世界造园史上有其独特的历史地位和价值，它以写意山水的高超艺术手法，蕴含浓厚的传统思想文化内涵，展现东方特色的造园艺术，是中华民族的艺术瑰宝。在1997年12月，联合国教科文组织遗产委员会将苏州古典园林列入世界文化遗产名录。与"苏州园林"并驾齐名的苏州风景名胜虎丘、天平山、石湖等风景区也是古往今来海内外游客向往的游览胜地。苏州古典园林如图1-2～图1-4所示。

图1-2　苏州古典园林1

图 1-3　苏州古典园林 2

图 1-4　苏州古典园林 3

2. 现代庭院风格

现代风格的庭院属于简约主义的庭院，多配合在现代主义风格或20世纪末建成的建筑周围，它体现的是一种简约之美，追求自由、简洁和大气的视觉效果。其庭院的设计元素以简单抽象的几何造型元素和柔和的色彩为主，突出庭院的时尚感和超前感。

现代风格庭院的构图以直线条为主，显示出简洁、明快的特征。简洁的线条、简便的维护和易于养护的造型植物是其主要特色。同时，结合大胆的几何造型、光滑的质地和简洁的植被，来创造富有个性的庭院效果，显得简洁、抽象、迷人。新材料的运用、现代抽象雕塑的引入，以及简约大方的色彩，都是现代风格庭院常见的元素。现代风格庭院还讲究"少就是多"的设计理念，运用留白来突出景观和焦点，强调空间的弹性分割和流畅通透。

现代风格庭院如图1-5和图1-6所示。

图 1-5　现代风格庭院 1

图 1-6　现代风格庭院 2

3. 欧式庭院风格

欧式庭院风格的特点是以中轴线为引导，采用整齐、规则、对称、均衡的几何布局形式。欧式庭院讲究以建筑的眼光和建筑的方式、方法来营造景观，把景观美学建立在理性的基础上，并受到欧洲传统的文学、绘画、建筑、雕塑等的影响。欧式豪华庄园的庭院设计，是规则式的古典庭院的代表，其植物常被人工修剪成几何图形，使之富于人工装饰美；同时，沿道路两旁规则地种植，并配上整齐划一的绿廊、绿墙和开阔的草坪，在气势上显得庄重、典雅、大气磅礴，且蕴含丰富的想象力。欧式田园风情的庭院设计，在构图上比较灵活，常利用流畅曲线的小径连接庭院空间，显得婉转、悠扬。材料运用上则注重自然材料与自由生长的植物的搭配。常用红砖、岩石、鹅卵石、原木、藤等自然材料结合茂盛的绿色植物和色彩缤纷的花卉，组合成生机盎然的场景。欧式田园风情庭院设计还讲究运用光影变化的规律，巧妙布置庭院绿化，使得建筑、场地、绿荫呈现出丰富的层次感。以绿化和花卉来衬托建筑和建筑小品，使人们的视觉感受更富趣味与想象。如浓密的花架被花卉覆盖，花架内部空间深暗，射进几束阳光，能带给人以梦幻之感。浅黄色的墙面色彩淡雅，使庭院空间更加明亮，在其周围密植绿树和花卉，并用石墙环绕，则能使整个庭院空间变得柔和、唯美。

　　欧式风格庭院如图 1-7 和图 1-8 所示。

图 1-7　欧式庭院风格 1

图 1-8　欧式庭院风格 2

1. 苏州古典园林的主要特征有哪些？
2. 欧式庭院风格有哪些主要特征？

任务二 掌握住宅庭院设计的程序

【学习目标】

1. 了解住宅庭院设计的程序；
2. 能够按照住宅庭院设计的程序制作设计提案。

【教学方法】

1. 讲授理论、图片展示结合课堂提问和教学现场示范，通过大量的设计案例分析，启发和引导学生的设计思维，锻炼学生制作设计提案的能力；
2. 遵循教师为主导、学生为主体的原则，采用多种教学方法的有机结合，激发学生的学习积极性，变被动学习为主动学习。

【学习要点】

1. 掌握住宅庭院设计案例的设计要领；
2. 能运用平面设计软件制作住宅庭院设计提案。

一、住宅庭院设计的程序

住宅庭院设计水平的高低、质量的优劣与设计者的专业素质和文化艺术素养紧密相连。而各个单项设计最终实施后成果的品位，又和该项工程和具体的施工技术、用材质量、设施配置情况，以及项目授权方甲方（即业主）的协调关系密切相关。设计具有决定意义的最关键的环节和前提，但最终成果的质量有赖于：设计—施工—用材（包括设施）—与业主关系的整体协调。

住宅庭院设计的程序是指完成住宅庭院设计项目的步骤和方法，是保证设计质量的前提。住宅庭院设计的程序一般分为三个阶段，即设计提案阶段、方案设计阶段和设计实施阶段。

1. 设计提案阶段

（1）接受设计委托任务或根据标书要求参加投标。

（2）明确设计期限，制订设计计划，综合考虑各工种的配合和协调。

（3）明确设计任务和要求，如空间的风格、功能特点、等级标准和造价等。

（4）勘察现场，拍摄现场庭院照片，丈量尺寸，与甲方交流，初步了解项目的基本情况。

（5）通过与甲方的深入交谈，了解甲方对庭院设计的要求和构想，尽量满足甲方的意愿和要求。作为一名优秀的设计师，既要虚心听取甲方对设计的要求和看法，又要通过自己的创造性劳动，引导甲方接受自己的设计方案，提升项目的专业水准和设计水平。

（6）明确设计项目中所需材料的情况，掌握这些材料的价格、质量、规格、色彩和环保指标等内容，并熟悉材料的供货渠道。

（7）制作设计提案，包括区域平面布置图、平面交通流线图、景观设置图、植物配置图、园林小品设计意向图等。

（8）签订设计合同，制定进度安排表，与甲方商议确定设计费。

2. 方案设计阶段

（1）收集、分析和运用与设计任务有关的资料与信息，构思设计草图，完善平面设计方案，绘制空间手绘效果图或电脑效果图。

（2）优化效果图，并通过与甲方的沟通，对设计进行完善和深化，绘制施工图。施工图包括平面图、立面图、剖面图、节点大样图和材料实样图等。

平面图主要反映的是空间的布局关系、交通的流动路线、景点的设置、植物的配置、地面的标高和地面的材料铺设等内容。

立面图主要反映立面的长、宽、高的尺度，立面造型的样式、尺寸、色彩和材料等内容。

剖面图主要反映空间的高低落差关系和造型的纵深结构；大样图主要反映造型的细节结构，是剖面图的有效补充。

3. 设计实施阶段

设计实施阶段是设计师通过与施工单位的合作，将设计图纸转化为实际工程效果的过程。在这一阶段设计师应该与施工人员进行广泛的沟通与交流，及时解答现场施工人员所遇到的问题，并进行合理的设计调整和修改，在合同规定的期限内保质保量地完成工程项目。

住宅景观规划如图 1-9 ～图 1-45 所示。

案例一：中航昆山九方城住宅景观

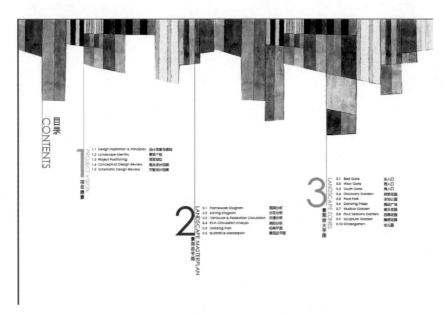

图 1-9　中航昆山九方城住宅景观规划方案 1

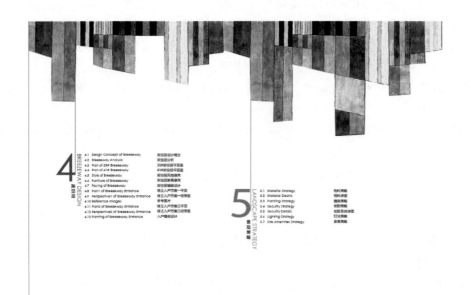

图 1-10　中航昆山九方城住宅景观规划方案 2

1.1 设计灵感与原则
Design Inspiration and Principles

自然灵感
Inspired by Nature

- 水系交错密布,形成独特的水乡特色
- Interlaced canals, create unique characteristics of water town.

- 河道孕育生命及自然界的繁衍
- The canal gives life, nature flourishes

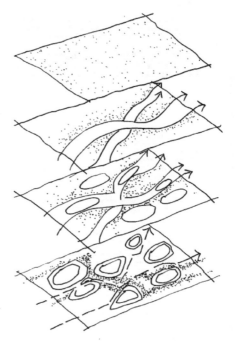

- 设计的意图,是借河道的痕迹,反映当地的乡土风貌
- 通过对角线,强化水渠(皇仓泾)与A6/A7地块,以及A6地块与城市公园的对话。
- Design intention is to borrow the influence of erosion on the landscape, to reflect local image.
- Diagonals supply a dialogue between the canal and parcel A6/A7, while establishing connectivity to parcel A6 and the Corner Park.

图 1-11　中航昆山九方城住宅景观规划方案 3

1.2 景观个性
Landscape Identity

- 多样化活动空间的可持续优质公园
- A recreational Park with a varied landscape program informed by natural systems

- 自由的框架,强调有机
- 倡导探索与发现的体验
- 间接的视线链接,展现探索之感
- 雕刻起伏的地貌
- 生态铺地策略及丰富多样的地被
- 蜿蜒的步道,提供多种探索的乐趣
- 迂回的视线,揭示隐藏的空间转换

- Free form framework, 'organic'
- Promotes a sense of Exploration and Discovery.
- Sculpted from Undulating Landforms
- Ecological Paving and Planting Pallets
- Meandering Paths, to promote Exploration
- Indirect Sightlines, to reveal Discoveries

图 1-12　中航昆山九方城住宅景观规划方案 4

1.3 项目定位
Project Positioning

本项目是一个中高端居住区项目，主要商业业主群为：
1. 三代同堂家庭
2. 年轻小家庭
3. 信息科学专业人士

[正文段落内容被遮挡]

[正文段落内容被遮挡]

The target client of this project is:
1. Families with seniors
2. Young family
3. Information science
The design goal is to provide a recreational park in larger shady environment area in high density city for Jiufang residents , to meet the needs of different age groups, to encourage residents to come out to breathe the fresh air, participate in more activities.

As children are considered parcel A6 's most important users, the park is designed to address the urban child's lack of natural experience, offering adventure and sanctuary while also engaging mind and body. Site topography, water features, natural stone, and lush plantings contribute to an exciting world of natural textures, dramatic changes in scale, and intricately choreographed views.

图 1-13　中航昆山九方城住宅景观规划方案 5

1.4 方案回顾
Schematic Design Review

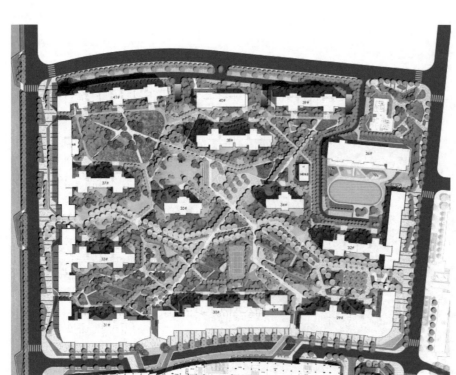

第一次方案修订

景观平面图

1St, SD Revision

Dec. 2012

图 1-14　中航昆山九方城住宅景观规划方案 6

2.7 总平面图
Illustrative Master Plan

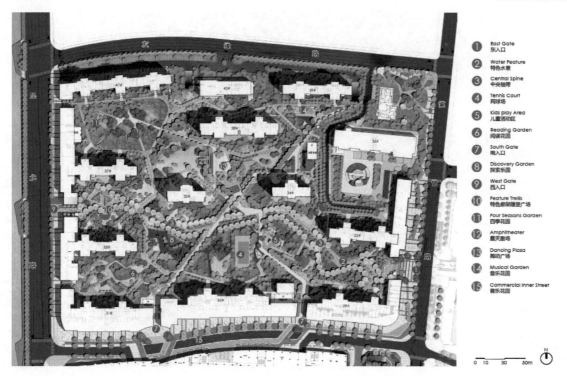

1 East Gate 东入口
2 Water Feature 特色水景
3 Central Spine 中央轴带
4 Tennis Court 网球场
5 Kids play Area 儿童活动区
6 Reading Garden 阅读花园
7 South Gate 南入口
8 Discovery Garden 探索乐园
9 West Gate 西入口
10 Feature Trellis 特色廊架雕塑广场
11 Four Seasons Garden 四季花园
12 Amphitheater 露天剧场
13 Dancing Plaza 舞动广场
14 Musical Garden 音乐花园
15 Commercial Inner Street 音乐花园

0 10 30 50m

图 1-15   中航昆山九方城住宅景观规划方案 7

3.1 分区设计：东入口平面
Zoning : East Gate Plan

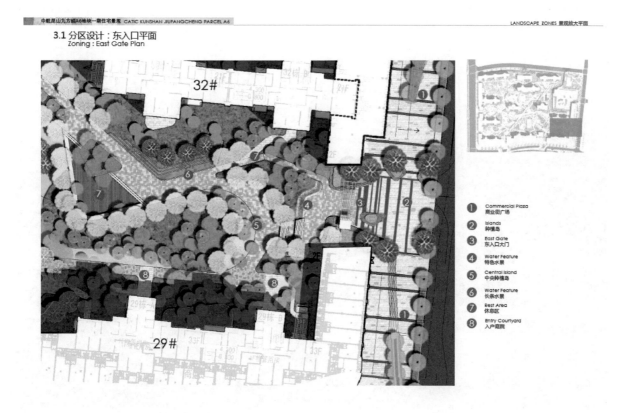

1 Commercial Plaza 商业街广场
2 Islands 种植岛
3 East Gate 东入口大门
4 Water Feature 特色水景
5 Central Island 中央种植岛
6 Water Feature 长条水景
7 Rest Area 休息区
8 Entry Courtyard 入户庭院

图 1-16   中航昆山九方城住宅景观规划方案 8

图 1-17 中航昆山九方城住宅景观规划方案 9

图 1-18 中航昆山九方城住宅景观规划方案 10

3.2分区设计：西入口效果图
Zoning : West Gate Perspective

图 1-19　中航昆山九方城住宅景观规划方案 11

3.3分区设计：北入口大门及岗亭
Zoning : North Gate Gate &guardhouse

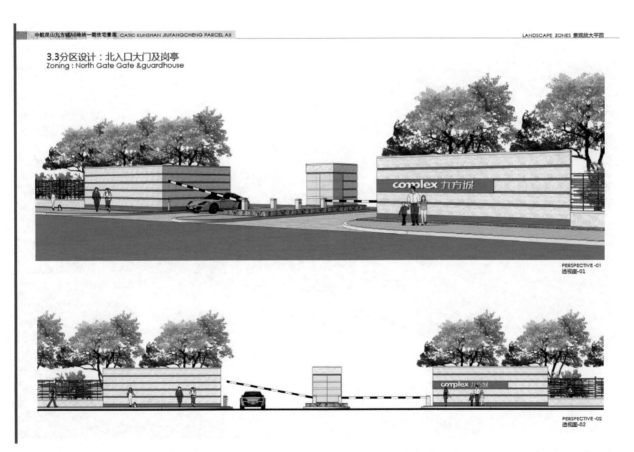

图 1-20　中航昆山九方城住宅景观规划方案 12

3.5 分区设计：探索花园剖面
Zoning : Discovery Garden Site Section

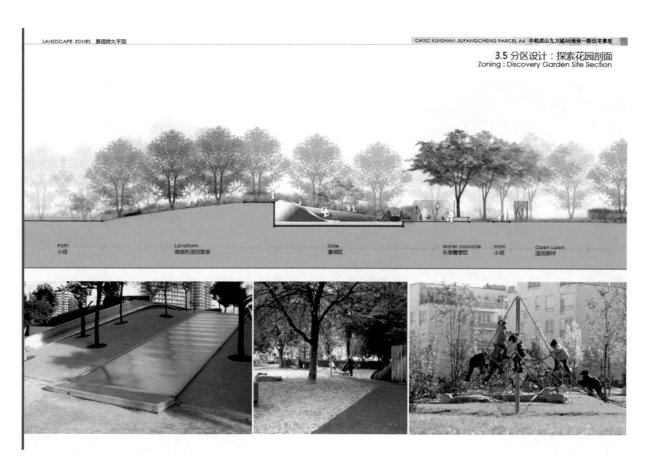

图 1-21　中航昆山九方城住宅景观规划方案 13

3.2 分区设计：西入口效果图
Zoning : West Gate

图 1-22　中航昆山九方城住宅景观规划方案 14

3.6 分区设计：森林花园效果图
Zoning : Forest Garden Plan

图 1-23　中航昆山九方城住宅景观规划方案 15

3.6 分区设计：森林花园效果图
Zoning : Forest Garden

图 1-24　中航昆山九方城住宅景观规划方案 16

3.6 分区设计：森林花园
Zoning : Forest Garden

图 1-25　中航昆山九方城住宅景观规划方案 17

3.6 分区设计：森林花园效果图
Zoning : Forest Garden

图 1-26　中航昆山九方城住宅景观规划方案 18

图 1-27　中航昆山九方城住宅景观规划方案 19

案例二：某住宅小区庭院规划方案（主题为"陌上花开乱阡陌"）

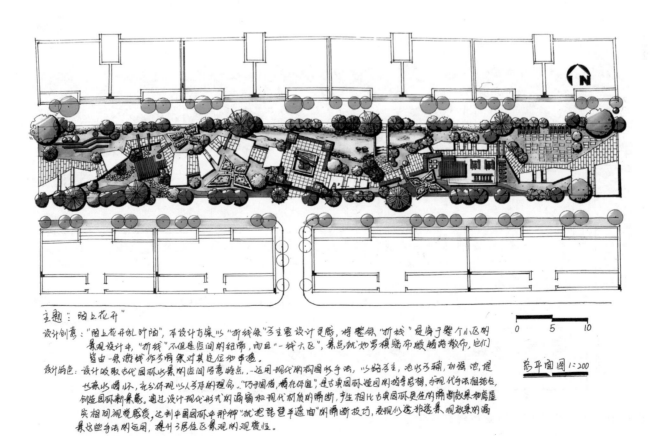

主题："陌上花开"

设计创意："陌上花开乱阡陌"，本设计方案以"折线形"为主要设计灵感，将整条"折线"贯穿于整个小区的景观设计中，"折线"不但是空间的纽带，而且"一线六区"，景点就如同棋盘布置错落散布，它们皆由一条游线作为背景对其定位勾串。

设计特色：设计吸取古代园林步景的空间导景特点，一运用现代构图手法，以绿地为主，池水为辅，加强池、堤、长廊岁嬉怀，充分体现以人为本的理念。"巧于因借，精在体宜"是古典园林造园的构景思想，与现代手法相结合，创造园林新景象。通过设计现代形式的漏窗和现代材质的隔断，产生相比古典园林更佳的隔断效果和意境真实相同视觉感受，让制中国园林中那种"犹抱琵琶半遮面"的隔断技巧，表现少迂地步造景观效果的漏景，这些手法的运用，提升了居住区景观的观赏性。

图 1-28　陌上花开乱阡陌景观规划方案 1

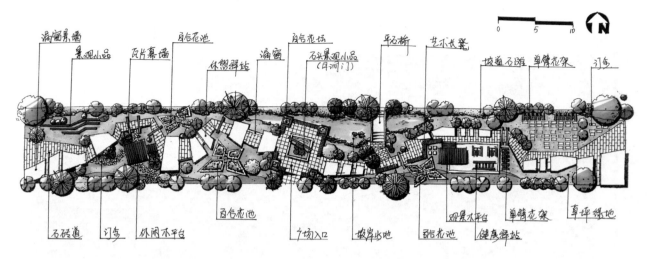

景点分析图

月洞门：现代主义风格"月洞门"主景观，是整个庭间序列的视觉焦点，同时人的视线从"月洞门"剪切圆洞中又能看到地侧最远处的湖。

瓦片幕墙：依民房墙采用装饰花窗，漏窗，将景砌住，也将外部的景观引进来，借用雕塑与小品的设置体现价值膀与生活场所的高贵品质。

漏窗景墙：蒙蔽，是空间设计剖别方式之一，景墙的相互错搭，无一不是对空间体验感知刻研究之后得到的结果，我们希望回家别的视线不是单纯的来来往往，而是充满乐趣的游园感受。

图 1-29　陌上花开乱阡陌景观规划方案 2

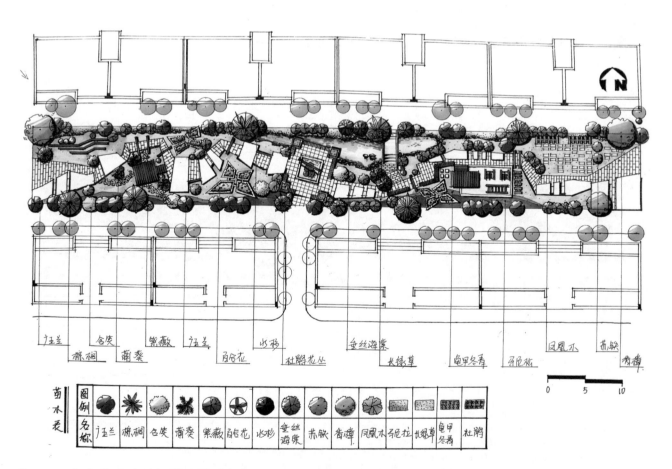

图 1-30　陌上花开乱阡陌景观规划方案 3

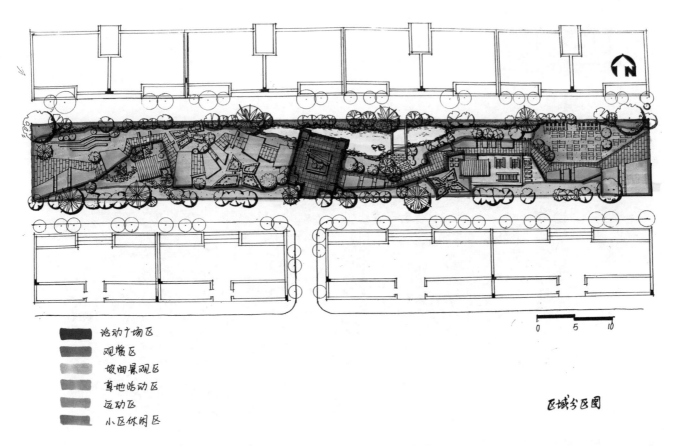

活动广场区

观赏区

坡油景观区

草地活动区

运动区

小区休闲区

区域分区图

图 1-31　陌上花开乱阡陌景观规划方案 4

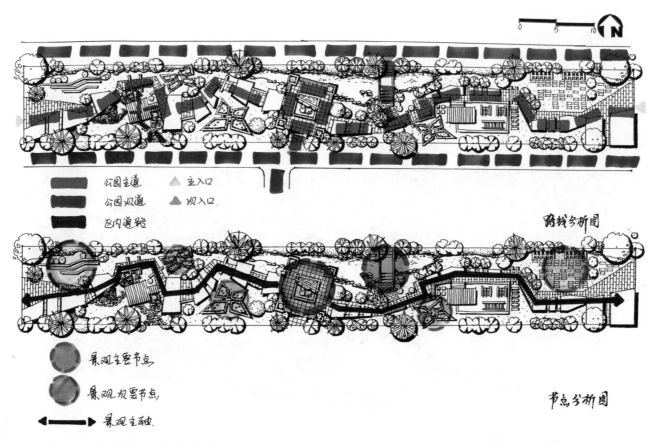

公园主道　　▲ 主入口

公园次道　　▲ 次入口

区内道路

路线分析图

景观主要节点

景观次要节点

◄──► 景观主轴

节点分析图

图 1-32　陌上花开乱阡陌景观规划方案 5

图 1-33　陌上花开乱阡陌景观规划方案 6

图 1-34　陌上花开乱阡陌景观规划方案 7

案例三：某住宅小区庭院规划方案（主题为"沁馨园"）

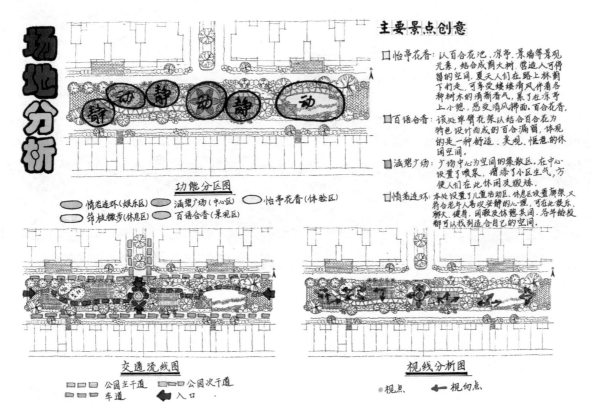

图 1-35 沁馨园景观规划方案 1

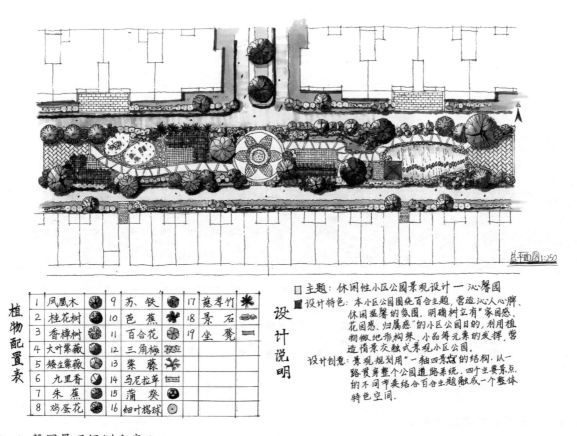

图 1-36 沁馨园景观规划方案 2

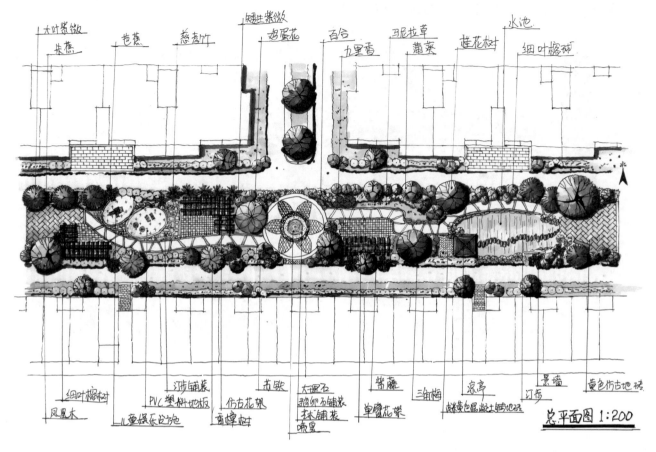

图 1-37　沁馨园景观规划方案 3

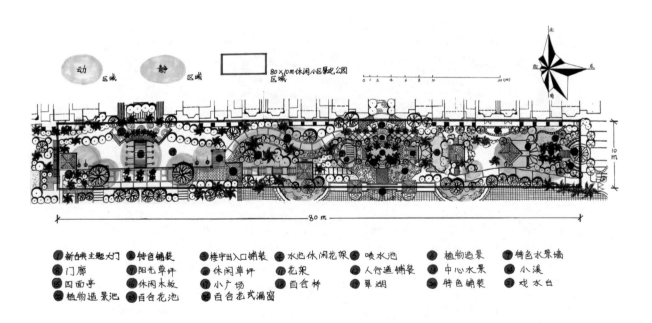

图 1-38　沁馨园景观规划方案 4

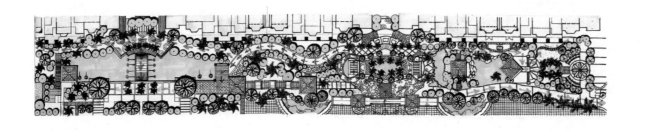

图 1-39　沁馨园景观规划方案 5

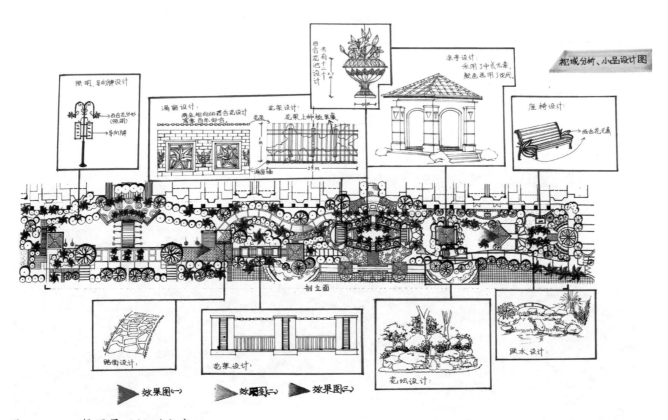

图 1-40　沁馨园景观规划方案 6

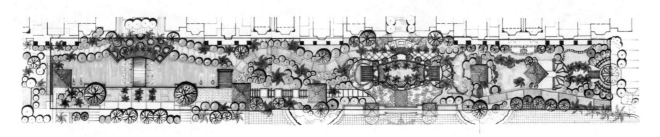

图 1-41　沁馨园景观规划方案 7

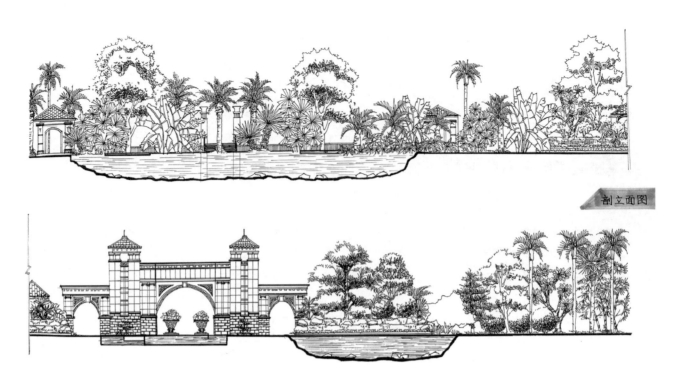

图 1-42　沁馨园景观规划方案 8

图 1-43　沁馨园景观规划方案 9

图 1-44　沁馨园景观规划方案 10

图 1-45　沁馨园景观规划方案 11

1. 简述住宅庭院设计的程序。
2. 制作一份住宅庭院设计的提案。

任务三　掌握住宅庭院设计的要素

【学习目标】

1. 了解住宅庭院设计的要素；

2. 能运用住宅庭院的设计要素进行住宅庭院空间设计。

【教学方法】

1. 讲授、图片展示，结合课堂提问和教学现场示范，通过大量的设计案例分析，启发和引导学生的设计思维，锻炼学生住宅庭院空间设计能力；

2. 遵循教师为主导、学生为主体的原则，采用多种教学方法的有机结合，激发学生的学习积极性，变被动学习为主动学习。

【学习要点】

1. 了解住宅庭院的造型要素，重点了解点线面的造型设计方法；

2. 能运用造型要素点、线、面进行住宅庭院空间设计。

在住宅庭院空间设计中，空间的效果由各种要素组成，这些要素包括色彩、照明、造型、图案和材质等。造型是其中最重要的一个环节，造型由点、线、面三个基本要素构成。

1. 点

点在概念上是指只有位置而没有大小，没有长、宽、高和方向性，静态的形，空间中较小的形都可以称为点。点在住宅庭院空间设计中有非常突出的作用，单独的点具有强烈的聚焦作用，可以成为空间的中心；对称排列的点给人以均衡感；连续的、重复的点给人以节奏感和韵律感；不规则排列的点，给人以方向感和方位感。

点在住宅庭院空间中无处不在，一盏路灯、一盆花或一个雕塑，都可以看作是一个点。点既可以是一件艺术品，宁静地摆放在庭院；也可以是闪烁的灯光，给庭院带来韵律和动感。点可以增加庭院空间的层次，活跃空间气氛。点在住宅庭院空间中的应用如图1-46所示。

图 1-46　点在住宅庭院空间中的应用

2. 线

线是点移动的轨迹，点连接形成线。线具有生长性、运动性和方向性。线有长短、宽窄和直曲之分，在住宅庭院空间环境中，凡长度方向较宽度方向大得多的形状都可以被视为线，如长条状的石板、防腐木条等。常见的线的分类如下。

1）直线

直线具有男性的特征，刚直挺拔，力度感较强。直线分为水平线、垂直线和斜线。水平线使人觉得宁静和轻松，给人以稳定、舒缓、安静、平和的感觉，可以使庭院空间更加开阔；垂直线能表现一种与重力相均衡的状态，给人以向上、崇高和坚韧的感觉，使庭院空间的伸展感增强，在低矮的空间中使用垂直线，可以造成空间增高的感觉；斜线具有较强的方向性和强烈的动感特征，使空间产生速度感和上升感。水平直线在庭院空间中的应用如图 1-47 所示。

图 1-47　水平直线在庭院空间中的应用

2）曲线

　　曲线具有女性的特征，表现出一种由侧向力引起的弯曲运动感，显得柔软丰满、轻松幽雅。曲线分为几何曲线和自由曲线，几何曲线包括圆、椭圆和抛物线等规则型曲线，具有均衡、秩序和规整的特点；自由曲线是一种不规则的曲线，包括波浪线、螺旋线和水纹线等，它富于变化和动感，具有自由、随意和优美的特点。在住宅庭院空间设计中，经常运用曲线来体现轻松、自由的空间效果。曲线在住宅庭院空间中的应用如图 1-48 和图 1-49 所示。

图 1-48　曲线在住宅庭院空间中的应用 1

图 1-49　曲线在住宅庭院空间中的应用 2

3. 面

线的并列形成面，面可以看成是由线移动展开而成的，直线展开形成平面，曲线展开形成曲面。面可以分为规则的面和不规则的面：规则的面包括对称的面、重复的面和渐变的面等，具有和谐、规整和秩序的特点；不规则的面包括对比的面、自由性的面和偶然性的面等，具有变化、生动和趣味的特点。

面的设计手法主要有以下几种。

（1）表现质感的面：运用质感强烈、粗犷的材料来营造自然美感地面的设计手法。

（2）表现层次变化的面：运用凹凸变化、深浅变化和色彩变化等处理手法形成的面。这种面具有丰富的层次感和体积感。

（3）仿生的面：模仿自然界动、植物形态设计而成的面。这种面给人以自然、朴素和纯净的感觉。

（4）表现光影的面：运用光影变化效果来设计的面。这种面给人以虚幻、灵动的感觉。

（5）表现节奏和韵律的面：利用有规律的、连续变化的形式设计的面。这种面给人以活泼、愉悦的感觉。

不同的面在住宅庭院空间中的应用如图 1-50 ～图 1-52 所示。

图 1-50　不同的面在住宅庭院空间中的应用 1

图 1-51　不同的面在住宅庭院空间中的应用 2

图 1-52　不同的面在住宅庭院空间中的应用 3

1. 点在庭院空间中有哪些作用？

2. 曲线在住宅庭院空间设计中有哪些作用？

3. 面的设计手法有哪些？

住宅庭院配景设计

【学习目标】

1.掌握住宅庭院建筑小品的设计方法和技巧；

2.掌握住宅庭院的植物搭配技巧。

【教学方法】

1.讲授理论、结合图片展示，通过大量的住宅庭院配景设计和植物搭配设计案例分析，启发和引导学生的设计思维；

2.教师为主导，学生为主体的原则，运用多种教学方式，激发学生学习积极性，注重锻炼学生的动手能力和实践操作能力。

【学习要点】

1.能综合考虑住宅的环境和场地因素，完成住宅庭院建筑小品的设计；

2.能根据住宅庭院的设计要求合理的搭配植物。

任务一　掌握住宅庭院建筑小品的设计方法和技巧

【学习目标】

1.了解住宅庭院常见建筑小品的类型、特点和功能；

2.掌握住宅庭院建筑小品的设计方法和技巧。

【教学方法】

1.讲授理论与展示图片结合，同时利用课堂提问和现场教学，以及大量的园林建筑小品设计案例分析，启发和引导学生的设计思维；

2.运用头脑风暴法激发学生的设计思维，注重锻炼学生的创新能力和实践动手能力。

【学习要点】

1.能运用造型法则完成园林建筑小品的设计；

2.能结合住宅庭院的设计要求设计园林建筑小品。

园林建筑小品是指在园林中具有造景功能，同时又能供人游览、休息、观赏的各类建筑物和构筑物。例如，亭、廊、花架、景墙、园椅、园凳、园灯、指示牌等。园林建筑小品作为构成园林诸要素中唯一的经人工提炼，又与人工相结合的产物，能够充分展现出设计师的创造性思维和设计智慧，体现园林意境，并使景物更为典型、突出且更具诗情画意。

园林建筑小品的设计要根据住宅庭院的形式、风格和使用者的文化层次、爱好，以及空间的特性、色彩、尺度，并结合当地的民俗习惯等因素确定。

一、亭的设计方法和技巧

亭是一种小型园林建筑物，是园林中最常见的一种建筑形式，具有供游人在园林游赏活动过程中的驻足休憩、纳凉避雨、眺望景色等作用。因此无论是在古典园林或现代园林中，各式各样的亭子随处可见，或伫立于山冈之上，或依附在建筑之旁，或漂浮在水池之畔。亭子以玲珑美丽、丰富多彩的形象成为园林景观场景中的点睛之笔。

《唐语林》记有："天宝中，御史大夫王鉷太平坊宅有自雨亭，檐上飞流四注，当夏处之，凛若高秋"。可见亭不止历史悠久且功能和形式非常丰富。每个亭都有不同的特点，在设计时要根据周围环境综合考虑亭本身的造型、选址等，做出合理的设计。

1. 亭的造型

亭的造型多种多样，一般小而集中，灵活多变。亭的造型主要取决于其平面形态、屋顶形式、组合形式、材料与体量等。

1）亭的平面形态

亭的平面形态变化较多，但多以简单的几何形态为主，如三角形、正方形、矩形、正六边形、正八边形、圆形等。除此之外还有许多特殊的平面形态，如扇形、梅花形、海棠形、睡莲形等。有时候，当其所处的空间环境较大时，常运用两种以上的几何形态组合来增加体量，甚至在某些特殊情况下，为适应地形需要，还采用一些不规则的平面形态。

不同平面形态的亭如图 2-1 所示。

图 2-1　不同平面形态的亭

2）亭的屋顶形式

亭的屋顶形式各式各样，几乎囊括了中国古典建筑的全部屋顶形式，而且还创造出一些比较罕见的特殊屋顶形式。亭的屋顶，以各种攒尖顶最为常见，根据垂脊数量的不同，有圆攒尖、三角攒尖、四角攒尖、六角攒尖、八角攒尖等。除攒尖外，还有庑殿顶、歇山顶、悬山顶、盝顶、卷棚顶等。这些屋顶中部分形式还衍生出重檐形式，如重檐攒尖顶、重檐歇山顶等。

不同屋顶形式的亭如图2-2所示。

图2-2　不同屋顶形式的亭

3）亭的组合形式

常见亭的组合形式大概分为两类：一类是两个或数个相同造型的亭以一定方式组合起来，这种组合形式能取得很好的整体感，也能一定程度地丰富形体效果和加强形体的整体体量感；另一类是一个主体和若干个附体的组合，这样的组合形式使得景观层次更为丰富。

不同组合形式的亭如图 2-3 所示。

图 2-3　不同组合形式的亭

4）亭的材料

不同材料建造的亭，都有各自显著的特色，如木亭质朴、典雅、清逸；石亭厚重、敦实。茅亭作为各类亭的鼻祖，用原木为柱覆以茅草或树皮，保留着自然情趣，故备受文人雅士赏识，王昌龄曾用"茅亭宿花影，药院滋苔文"的诗句赞颂其"天然去雕饰"的清幽意境。"宁可食无肉，不可居无竹"，竹材也是造亭时常用材料，《卢郎中寻阳竹亭记》有云："伐竹为亭，其高，出于林表。"另外，随着现代建筑材料的发展，越来越多的材料被运用进亭子的建造当中，这些林林总总的建筑材料既丰富了亭的形式，也为设计出造型新颖的亭子提供了可能性，如钢筋混凝土结构亭、钢结构亭等。

不同材料的亭如图 2-4 所示。

图 2-4　不同材料的亭

5）亭的体量

亭的体量也会影响亭的造型。总的来说，亭的体量一般小巧而集中，直径大多在 3 ～ 5 米的区间之内。但体量大小要因地制宜，根据造景的需要而定，不同体量大小的亭给人的景观感受不同：小亭给人以亲切感，大亭则给人以庄重感。例如，北京颐和园的廊如亭，为八角重檐攒尖顶，面积共 130 平方米，高约 20 米，亭体舒展稳重，气势雄伟，与颐和园内部环境非常协调。

不同场景中体量各异的亭如图 2-5 所示。

图 2-5　不同体量的亭

2. 亭的选址

因为亭在园林中的主要功能是供人游览、休息和观景，所以亭的位置选择较灵活。总的来说，亭在园林中的建造位置大概有三种形式，分别是山上建亭、临水建亭和平地建亭，建于不同位置的亭有自身的特点。与山结合建亭，如建于山巅、山腰、悬峭峰、山洞洞门等处，能供游人远眺山巅、山脊或远处风景，同时也能丰富山的轮廓线，丰富景观层次。临水建亭，如临水的岸边、水中小岛、桥梁之上等都可建亭，这类亭通常与廊组成建筑群，丰富水面景观。临水建亭应注意尽量贴近水面，离地不宜太高，如有可能可突出水中，做到三面或四面环水。平地建亭则应根据功能需求，将亭建造于密林深处、庭院一角、花间林中、草坪之中、园路中心或广场一角。因亭小而独立、造型多变，对其建造的地址有较大的包容性，这些都为充分利用地形基址创造出优美的园林环境提供了很大的便利。

二、廊、花架的设计方法和技巧

廊又称游廊，是联系交通、连接景点的一种狭长且造型多变的棚式建筑。廊的历史悠久，早期的廊出现在宫殿建筑的庭院布局中，作为一种连接交通和遮风避雨的建筑形式。廊作为一种常见的园林建筑形式，在游览、观赏方面的作用较明显，其概念还扩展为花架廊，又名花架、绿廊、棚架。

1. 廊、花架在住宅庭院中的作用

廊、花架作为常见的园林建筑，在住宅庭院中发挥着以下作用。

1）联系建筑

廊、花架作为园林景观中带状的构图元素，连接着一栋栋单体园林建筑，使它们组成丰富多变的建筑群体。它们通常布置于两个建筑物或两个观赏点之间，不仅具有遮风避雨的实用功能，而且能起到很好地引导游览路线的作用。

2）划分和组织园林空间

我国园林造景手法中，空间的巧妙处理是主要的精髓，如苏州拙政园、网师园等私家园林就很好诠释了这一点。造园者利用变化多端的水体、亭、楼、廊等将庭院空间处理得迂回多变，使游人能观赏到丰富多变的景致，实现移步换景的审美体验。我国一些较大的园林，为满足不同的功能要求和营造景观气氛，也常利用廊、花架、园墙等带状建筑形式，将园林空间划分成大小、明暗、闭合或开敞、横长或纵深等相互配合、彼此衬托且各具特色的空间。

3）营造景观和供人游憩

廊的类型丰富多样，按廊的位置可分为平地廊、爬山廊、水走廊等；按平面形式分为直廊、曲廊、抄手廊、回廊等；按廊的横剖面可分为双面空廊、单面空廊、双层廊、暖廊、复廊等。而园林中最为常见的是双面空廊和由廊扩展出的花架。各式各样的廊及花架都各具特色，其自身也是很好的景观。尤其是花架，通常在其别致的造型上攀爬、悬挂藤本植物，更添生气。有椅凳的廊、花架还是游人游览活动中休憩、停留的场所。

总而言之，廊、花架在园林景观设计中使用得极为广泛，一则是交通联系的纽带，可使游人免受日晒雨淋之苦；二则以其空灵活泼的造型为园林景观增加了层次，丰富了景观内容，这些都是其他园林建筑小品无法取代的。

2. 廊、花架的设计要点

1）平面造型

根据廊、花架所处环境的具体情况以及造景的需要，廊可以被设计成直廊、弧形廊、曲廊、抄手廊和圆形廊等。

2）立面造型

廊的立面造型跟屋顶形式有极大关系，如悬山、歇山、十字顶廊等。花架的形式更为多变，常见的有廊式花架、片式花架、独立式花架等。影响廊、花架立面造型的还有柱的形式，或方或圆，甚至将棱角做成圆角海棠形或内凹成小八角形等。这些都能使廊、花架具有不同的造型体验，给人以丰富的视觉感受。

3）内部空间处理和装饰

廊、花架作为带状园林建筑形式，通常为狭长空间，特别是直廊，空间显得单调。因此在设计时可以把廊设计成多折变化的曲廊，丰富其内部空间层次，增加景致的深远感。而廊、花架的装饰应与其功能、结构密切结合。古典式廊檐下可以设置花格、挂落等，也可在廊内部的梁上、顶上绘制彩画，丰富其内容。

在整体色彩的把握上，南北方有较大差异：南方多以灰蓝色、深褐色等素雅的色彩为主，给人清爽、轻盈之感；而北方因受皇家园林建筑形式影响则多以红、绿、黄等色彩为主，显得富丽堂皇。

4）材料

用于建造廊、花架的材料有许多，且因不同材料使其具有不同的观感。例如，竹木结构给人质朴、简洁大方之感；钢结构能适应各种造型的廊或花架，具有现代感；钢筋混凝土结构则给人稳定、庄重感。

廊、花架的设计如图 2-6 ～图 2-10 所示。

图 2-6　不同造型的廊和花架 1

图 2-7　不同造型的廊和花架 2

图 2-8 不同造型的廊和花架 3

图 2-9 不同造型的廊和花架 4

图 2-10　不同造型的廊和花架 5

三、其他常见园林建筑的设计

除上述三种园林建筑之外，住宅庭院中还包括其他园林建筑形式，常见的有榭、舫、楼、园桥等。它们在园林景观中发挥着各自的功能，如榭、舫多临水而建，供游人游憩、赏景、饮宴和小聚用；楼属较大型园林建筑，在园林景观中既能丰富景观构图层次，又能发挥一定的使用功能；园桥通常与水相伴，起到联系交通的功能。

常见园林建筑如图 2-11 和图 2-12 所示。

图 2-11　常见园林建筑 1

图 2-12　常见园林建筑 2

四、园林建筑小品的设计方法和技巧

园林景观中还存在这样一类建筑小品，它们体型小、数量多、分布广、功能简单、造型别致，具有较强的装饰性，富有情趣，如座椅、指示牌、导游图、园灯、景墙、栏杆、垃圾箱等，这些建筑小品在园林景观中发挥着一定的功能作用，同时也能起到很好的装饰效果。

1. 园林座椅的设计

园林座椅是园林中最常见、最基本的"家具"，是供游人休息的必要设施。座椅除了具有实用功能之外，还能起到点景的作用。园林座椅设计时要注意座椅尺度应符合人体工程学，且要满足人的心理习惯、活动规律和私密性的要求，最好放置在园林中有特色的地段，面向风景。根据环境的不同，园林座椅的形式千变万化，材料也有不同的选择，如木材、石材、混凝土、陶瓷、金属、塑料等。

园林座椅的设计如图 2-13 和图 2-14 所示。

图 2-13　不同造型的园林座椅 1

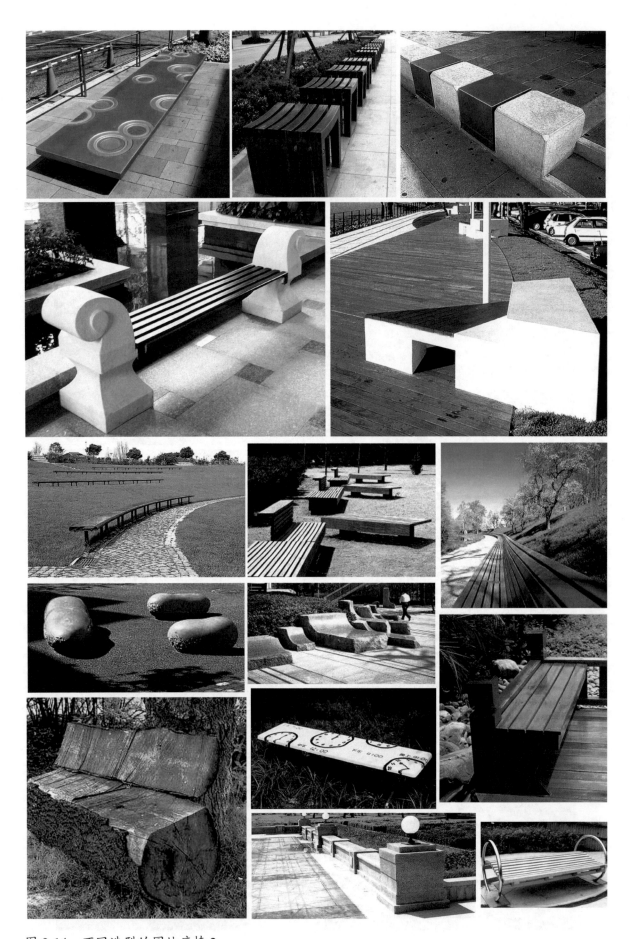

图 2-14　不同造型的园林座椅 2

2. 园灯的设计

园灯是园林中一种引人注目的建筑小品。园灯的设计，首先要考虑其照明的功能，使游人在夜间游览时能安全、畅达；其次要考虑园灯的装饰效果，利用不同园灯的造型丰富景观效果。此外，园灯设计时还应注意造型与景观风格的一致性。

园灯的设计如图 2-15 所示。

图 2-15　不同造型的园灯

园灯是园林中一种引人注目的建筑小品。园灯的设计，首先要考虑其照明的功能，使游人在夜间游览时能安全、畅达；其次要考虑园灯的装饰效果，利用不同园灯的造型丰富景观效果。此外，园灯设计时还应注意造型与景观风格的一致性。

3. 指示牌的设计

指示牌是指含有指示内容的牌子，也叫标识牌。其内容比较广泛，有路线导向牌、景区指示牌、设施指示牌、植物标识牌等。指示牌在园林中一直担任着重要的角色，尤其是在一些较大面积的场所中，如住宅小区、公园等。指示牌为游人提供路线指引，让游人能快速、准确地到达目的地。除指示功能之外，不同造型的指示牌在园林中还能起到点缀和装饰的作用。

不同景观场所需要不同风格的指示牌加以陪衬，因此指示牌的造型多样，材料也各有不同。常见的有仿树形、几何形、卡通形等；材料常用钢筋混凝土、防腐木、不锈钢、塑料等。

指示牌的设计如图 2-16 和图 2-17 所示。

图 2-16　不同造型的指示牌 1

图 2-17　不同造型的指示牌 2

4. 其他建筑小品的设计

除上述园林座椅、园灯、指示牌之外，园林中还有许多常见的建筑小品。如起组织空间、丰富景观层次的景墙；起防护作用的栏杆；起装饰、点缀作用的雕塑等。这些都是景观中不可或缺的设计要素。

园林建筑小品的设计与表现如图 2-18 ～图 2-28 所示。

图 2-18　建筑小品设计 1

图 2-19　建筑小品设计 2

图 2-20　建筑小品设计 3

导向牌设计图 1:10

照明设计效果图　　　　　　　　园椅设计效果图

图 2-21　建筑小品手绘表现 1

图 2-22　建筑小品手绘表现 2

图 2-23　建筑小品手绘表现 3

图 2-24　建筑小品手绘表现 4

图 2-25 建筑小品手绘表现 5

图 2-26　建筑小品手绘表现 6

图 2-27　建筑小品手绘表现 7

图 2-28 建筑小品手绘表现 8

1. 亭的造型主要取决于哪些因素？
2. 绘制 5 幅建筑小品手绘表现图。

任务二　掌握住宅庭院植物的搭配技巧

【学习目标】

1. 了解住宅庭院植物选择的基本原则；
2. 掌握住宅庭院植物的搭配技巧。

【教学方法】

1. 讲授理论重点，展示图片结合课堂提问和现场教学，并通过大量的植物景观设计案例分析，启发和引导学生的设计思维；
2. 教师为主导，坚持学生的主体地位，运用多种教学方式，激发学生学习积极性；注重锻炼学生的动手能力，锻炼学生的植物景观设计能力。

【学习要点】

1. 能合理选择住宅庭院植物种类；
2. 能综合考虑住宅环境因素，完成住宅庭院植物景观设计。

一、植物在住宅庭院设计中的作用

园林植物是美化和改善人类生存环境不可缺少的重要资源。园林植物是指一切具有观赏价值的植物，包括乔木、灌木和花卉，甚至草坪地被。植物观赏包括：观赏植物的叶片、枝干、花朵、果实和毛刺等；观赏植物的姿态、色泽、形状、气味等；观赏植物的配置及季相景观等，也包括观赏人们赋予植物的各种人文内涵等，这些都能给人带来某种心理和生理的愉悦与享受。

随着社会的进步和人们生活水平的日益提高，人们对环境特别是居住环境的绿化、美化、净化、香化的要求也越来越高。"山水是骨架，植物为毛发"，园林植物作为园林里唯一一个有生命的构成要素，其姹紫嫣红的多样性，让庭院充满生机。植物在住宅庭院设计中具有重要作用，如调节小气候、涵养水源、阻滞尘埃、吸收二氧化碳等有害气体等。同时，还可以体现出植物自身的个体美、群体美、色彩美和意境美。

随着人们对居住景观环境重视度的不断提高，住宅庭院的设计已由原来单纯的绿化上升为美化，更深层次地发展到艺术的景观环境及人文景观的挖掘。而对于大环境的重视也使居住环境向"返璞归真"的生态环境发展。在景观环境的发展中，始终离不开人类对自然艺术美的追求，特别是离不开自然景观造景要素中植物造景的追求。植物造景除了设计主题与建筑风格必须统一外，还必须与其所处位置、地理环境相协调。植物造景应提倡突出自然的植物群体景观，强调植物的配置，如表现植物层次、轮廓、色彩、疏密和季相等，要求尽量利用原有地形，因地制宜，并与周围环境和原生植物环境相互和谐。

植物造景对于协调建筑与自然环境之间的作用极其重要。植物柔软弯曲的线条可以打破建筑的平直和呆板。同时，植物造景设计还要注意以下原则。

1. 主题性原则

主题性原则在植物造景中起到纲领性的作用，是植物造景的基本思想体现。这一处植物景观要表现什么样的主题，有时要比怎么样来表现主题显得更重要。

植物造景设计的主题性原则在整体布局上讲究开敞性，不设高墙，追求自由流畅，简洁明快，立意新颖。在植物景观上，追求大色块、大效果，疏朗明快。在利用空间上追求高境界，大面积环绕水景、亲水景观带构筑自然生活，景观架空层创造立体景观。在构筑专业品质上追求纯自然，即体现景观层次感、花园水系和植物搭配构筑立体花园的多重景观，同时，追求低容积率和高绿化率，实现人与植物造景的有机融合。

2. 美学原则

赏心悦目是植物造景设计的美学原则，首先植物造景的色彩搭配是基础，其次是植物的香味、体形美和线条美。

3. 健康安全原则

许多植物虽有美丽的外表，但却存在潜在的危险。如作为地被植物广泛栽培的大戟科植物红背桂，双色叶的景观虽美观但却会分泌致癌物质，长期接触可诱发鼻咽癌；常见于室内、庭院的天南星科植物海芋（也称"滴水观音"），因能吸附有害气体甲醛而备受青睐，若接触其有毒的汁液会引起抽搐等中毒症状。

人们每天有2/3左右的时间都是在住宅中度过的，且活动较多的是抵抗能力较弱的老人和儿童。因此在住宅庭院设计中必须选择无毒、无害、无针刺、无飞絮、无污染的植物，而应慎用那些存在潜在危险的植物种类。

4. 适地适树原则

植物对于造园的重要性是不言而喻的，从古至今有许多优秀的植物造景范例，如江南四大名园之一的拙政园里就有百分之八十的景点是与植物密切相关的，如远香堂、荷风四面亭、梧竹幽居等。想要植物充分发挥景观效益及生态效益，最基本的条件就是植物能够正常生长。按照适地适树的原则，将植物栽植在它最适宜生长的地方也是在选择植物种类时必须考虑的原则。

5. 乡土树种为主原则

每个地方都应该有当地的植物特色，而乡土树种很有地域性，能充分突出地方特色，容易形成独特的城市园林风格与个性。除此之外，乡土树种能很好地适应当地的立地条件，植物成活率高、栽植与后期管理维护成本低。这些都有助于利用植物创造良好的景观效果，也从很大程度上节约了成本。

6. 科学引种原则

鼓励使用乡土树种并不代表排斥引进外来树种，科学、合理、适当地引种植物能很好地丰富住宅庭院的植物景观，也有助于构建稳定的生态系统。所谓科学引种，是指必须选择能很好适应当地环境并经过长期培育且表现稳定的树种，而不是仅考虑植物的观赏特性而忽略其生态特性的盲目选择，否则可能会危害生态安全。例如，1901年被引入中国的水葫芦，水葫芦拥有如凤眼般美丽的花朵，其草作为家畜、家禽饲料又可供药用，因此具备一定的经济价值。但其极快的繁殖速度能很快蔓延其生活的全部水面，导致水下植物光照不够而死亡，破坏水下动物的食物链而进一步导致水生动物死亡，这些都造成极其严重的生态破坏。由此可见，引种必须科学且合理。

7. 经济原则

住宅庭院的植物配置还需要考虑经济原则。一些植物需经常修剪，特别是在生长旺季需更密集的修剪才能保持良好的观赏效果，而频繁的修剪便会增加资金投入。因此在住宅庭院栽植的植物应以管理粗放、不需经常修剪或不经修剪其本身观赏效果好的植物为主。另外，要以乡土树种为主原则，因为多用乡土植物能有效降低购买及后期管理维护成本。

综上所述，住宅庭院植物种类的选择，必须因地制宜，既要使植物与其生长环境相互适应，又要通过各种植物的观赏特性合理搭配，充分体现植物的个体美与群体美以及意境美。同时还要充分利用植物的生态功能，创造出一个既富有诗情画意，又有益身心健康的居住环境。

二、住宅庭院植物选择存在的常见问题

1. 盲目选择植物

植物配置讲究适地适树。适地适树是指根据植物栽植的绿地性质、立地条件、功能与观赏要求等来选择植物种类。但现在很多住宅庭院设计中的植物配置并没有很好地遵循这一规律，而是盲目跟风，胡乱选择。

2. 追求所谓高档

现在有许多住宅小区为了追求档次，大量使用异地树种与名贵花木追求所谓的高档。例如，长沙某楼盘入口处的树阵广场选择用加那利海枣这一热带树种，而长沙地处亚热带地区，冬季温度较低，加那利海枣无法露地越冬，于次年全部死亡。这种不顾植物本身的生态习性、不遵循自然规律的人为景观，连植物的存活及正常生长都难以保证，更不用说良好的景观效果了。即使勉强维护，也需要耗费大量的人力、物力和财力，得不偿失。

3. 植物景观雷同

尽管华南地区植物资源丰富，但在住宅庭院设计中往往经常使用常见的几种植物品种，营造出来的植物景观雷同，缺乏地域特色。

三、住宅庭院植物的搭配技巧

想做好住宅庭院植物景观设计，除了挑选合适的植物种类之外，巧妙地将它们搭配、组合起来放在合适的位置也至关重要。

1. 重视功能的体现与植物景观的多样性

园林植物在住宅庭院中所起的作用是多方面的，如入口的景观标志性功能、围墙四周的障景功能、营造空间的分隔功能、庭院中的遮阴功能等。因此，要配置好园林植物，应该从使用环境的要求出发，如入口以美观为主的使用环境应选择观赏价值高的植物以形成优美的植物景观；围墙四周以障景为主的使用环境应选择枝叶茂密、树形整齐的植物以形成绿色屏障等。

自然界植物千奇百态、姹紫嫣红，其中有许多都具有较好的观赏功能。不同植物有不同的观赏特性：例如观花的有木棉、宫粉羊蹄甲、火焰木、凤凰木、黄花风铃木等，观形的有大王椰子、散尾葵、南洋杉等，观叶的有黄金榕、大琴叶榕等，观果的有荔枝、芒果、红果仔等，观干的有番荔枝、柠檬桉等。将不同观赏特性的植物按照形式美的法则巧妙组合起来，使营造出来的植物景观达到"四季皆有景可观"的效果是住宅庭院植物搭配的重点。

2. 布局合理、层次错落有致

住宅庭院设计中植物景观的形式多种多样，有展示植物单体美的孤植，也有列植、片植、群植等。各种种植形式也有一定的布局技巧。孤植树要求植物本身具有良好的观赏特性，且植物体量不能过小；列植的植物通常是形成统一的风格，展现群体美，因此在布局时常选用体量相当、多个单体均匀栽植的形式。此外，应该注意绿地中最常见的植物景观是以群落的形式出现的，这就要求人们要综合考虑植物大小、生态习性、观赏特性、色彩等，使其营造出层次丰富、富有变化的植物景观。

3. 营造意境、突显住宅庭院主人的个性

植物自古以来就是很好的造景元素，同时，因其能体现出某些人文精神而备受重视，如竹子、梅花

象征气节，牡丹象征富贵，荷花象征高洁等。在进行住宅庭院植物搭配时巧妙地应用植物的人文内涵，往往能营造出耐人寻味的意境。

另外，住宅庭院植物搭配还应充分尊重主人的喜好和特点，俗话说"造园看主人"，住宅庭院景观风格应该与庭院主人的个性相协调。

四、华南地区住宅庭院中常见的园林植物

1. 棕榈类

加那利海枣、银海枣、狐尾椰子、大王椰子、棕榈、三角椰、蒲葵、霸王棕、散尾葵、短穗鱼尾葵、长穗鱼尾葵、美丽针葵、棕竹、酒瓶椰子、金山棕、夏威夷椰子、富贵椰子、三药槟榔、假槟榔、袖珍椰子、花叶棕竹等。

2. 乔木类

高山榕、印度橡胶榕、黄葛榕、垂叶榕、小叶榕、大琴叶榕、树菠萝、秋枫、人面子、香樟、印度紫檀、红花天料木（母生）、凤凰木、美丽异木棉、青皮木棉、木棉、腊肠树、鸡蛋花、火焰木、细叶榄仁、仪花、南洋杉、落羽杉、尖叶杜英、海南蒲桃、芒果、荔枝、龙眼、番石榴、黄皮、水黄皮、菩提榕、黄槐、红花银桦、黄槿、鸡冠刺桐、白兰、红花羊蹄甲、羊蹄甲、宫粉羊蹄甲、黄花风铃木、大叶紫薇、金华蒲桃（黄金熊猫）等。

3. 灌木、草本类

朱蕉、彩虹朱蕉、孔雀木、金边百合竹、鹤望兰、龙舌兰类、金边也门铁、旅人蕉、蝎尾蕉类、春羽、小天使、龟背竹、蚌兰、福木、二乔玉兰、双荚槐、翅荚决明、洋金凤、玉叶金花、勒杜鹃、银叶金合欢、野牡丹、紫薇、茶花、龙吐珠、多花红千层、四季桂、人心果、希美莉、千层金、星光榕、红继木、尖叶木樨榄、红果仔、大红花、杜鹃球、海桐、九里香、红绒球、米仔兰等。

4. 竹类

刚竹、粉单竹、小琴丝竹、龟甲竹、佛肚竹、凤尾竹、紫竹、四方竹、黄金间碧竹等。

五、江浙地区住宅庭院中常见的园林植物

（1）季相景观要求突出的多用银杏、无患子、黄山栾树、枫香、元宝枫、乌桕、鸡爪槭、黄连木、红枫、红叶小檗、金叶女贞、法国梧桐、水杉、重阳木、香椿、青枫、山膀胱、红花檵木等。

（2）以观花、观果为重的景观多用梅、桃、垂丝海棠、西府海棠、樱花、梨、杜鹃、广玉兰、棣棠、郁李、火棘、贴梗海棠、月季、合欢、紫藤、石榴、柿树、栀子花、茶花、茶梅、金丝桃、紫荆、黄馨、迎春花、桂花、美国凌霄、紫花泡桐、木绣球、八仙花、枸骨、紫玉兰、白玉兰等。

（3）以追求清涵宁静环境的住宅区多用高大乔木，如香樟、榉树、黑松、柳杉、水杉、竹类、栾树、朴树、法国梧桐、桂花、杜英、木兰科植物、槭树科植物、合欢、喜树、乌桕、重阳木、黄连木、七叶树、无患子、樱花等，同时，配置一些低矮的乔灌木，如枸骨、山茶、八角金盘、桃叶珊瑚、杜鹃、剑麻、书带草、麦冬、沿阶草、葱兰、檵木、十大功劳、水蜡、蜡梅、海桐、杜仲、火棘、常春藤、枸杞、六月雪等。

常见住宅庭院园林植物如图 2-29 ～图 2-58 所示。

落叶小乔木，叶倒卵形。花瓣 6，外面多少淡紫色，基部色较深，萼片 3，常花瓣状。春天叶前开花。华南地区可于庭院栽培观赏。

图 2-29　二乔玉兰

　　常绿乔木，叶卵状长椭圆形。花白色，浓香，花期 5—9 月。华南地区常栽作庭荫树。

图 2-30　白兰

半常绿小乔木，叶广卵形，叶端2裂。
花大，粉红、白色均有。花期春天或夏初。
华南地区常栽做风景树。

图 2-31　宫粉羊蹄甲

落叶乔木，夏秋开花，花淡紫红色。
新叶及老叶均为紫红色，为良好的观叶树
种。华南地区常栽作行道树、风景树，是
良好的观花树种。

图 2-32　大花紫薇

常绿乔木，为形态优美的彩叶树种，观赏价值极高。枝条柔软，叶片金黄且具芳香。华南地区可用作庭景树，除观赏外，还能清新、消毒空气，枝叶还能提炼精油。

图 2-33　黄金香柳

常绿乔木状植物，茎直立，常丛生，叶大型，成二列互生，呈折扇形。树形别致，为良好的观形树种。华南地区常栽作庭景树。

图 2-34　旅人蕉

常绿攀援灌木，花三朵顶生，各具1大型苞片，鲜红色。园艺品种很多，苞片颜色多样。为华南地区常见观花植物。

图 2-35 叶子花

常绿灌木，叶椭圆形，叶面有光泽。经长期栽培后植株习性、叶、花形、花色等方面产生极多变化，品种多达1 000余种。花期2—4月。为华南地区常见花灌木。

图 2-36 山茶花

常绿灌木，叶广卵形，缘有粗齿，无毛。花冠通常鲜红色，雄蕊柱伸出花冠外。夏秋开花。园林中还常见黄花、橙花、重瓣等品种。为华南地区常见花灌木。

图 2-37 扶桑

常绿灌木，枝叶密被伏毛。花红色，有斑点。花期4—6月。为华南地区常见花灌木。

图 2-38 杜鹃

常绿灌木，二回羽状复叶。花冠红色，雄蕊约 25，花丝基部白色，渐向顶端变红色，与花冠等长或略长；成球形头状花序。花期8—9月。为华南地区常见花灌木。

图 2-39　红绒球

常绿灌木，羽状复叶互生，小叶表面深绿有光泽，花白色，芳香。华南地区常栽作灌木球、绿篱。

图 2-40　九里香

常绿灌木，单叶对生，长椭圆形，缘具疏齿或近全缘，花小，黄白色，甜香。5—9月陆续开放，尤以秋季最盛。为华南地区常见香花植物。

图 2-41　四季桂

茎细长，叶狭长剑形，叶有多色条纹，为珍贵的观叶植物。华南地区常见于庭院栽培。

图 2-42　五彩千年木

常绿灌木，单干少分枝。叶片绿色或染紫红色，有不同观赏特性的栽培种。华南地区常植于庭院观赏。

图 2-43　朱蕉

常绿乔木，不分枝。叶裂片先端 2 裂并柔软下垂，叶柄两边有倒刺。华南地区常植于庭院观赏，叶片可制葵扇。

图 2-44　蒲葵

常绿丛生灌木，茎干如竹，有环纹。羽状复叶。华南地区常见于庭院，与山石、景墙搭配景观甚妙。

图 2-45　散尾葵

茎上部细，基部膨大如酒瓶。树干奇特，为优良的观形树种。华南地区宜植于庭院观赏。

图 2-46　酒瓶椰子

常绿乔木，干灰色，光滑。树干通直，树形雄伟。在华南地区常栽作行道树及庭院风景树。

图 2-47　大王椰子

因秆节间膨大如佛肚而得名，为华南地区常见观形竹类。宜植于庭院观赏。

图 2-48　佛肚竹

秆鲜黄色，有显著绿色纵条纹。华南地区庭院中常见栽培观赏。

图 2-49　黄金间碧竹

多年生草本，叶面光滑深绿，背面紫红色，因此也叫紫背万年青。花序形似蚌壳吐珠。为华南地区优良地被。

图 2-50　蚌兰

多年生草本。丛生，叶片从茎部向四面开展，浓绿色，羽状全裂。为华南地区常见观叶植物，可作林下植物或与山石搭配。

图 2-51 春羽

多年生草本，茎肉质，节间多分枝。叶脉间有 4 条断续的银灰色纵向宽条纹，条纹部分呈泡状突起。尤喜半荫环境，忌阳光直射。可盆栽观叶，园林中常栽作林下地被。

图 2-52 花叶冷水花

图 2-53　植物综合图例 1

图 2-54　植物综合图例 2

图 2-55　植物综合图例 3

图 2-56　植物综合图例 4

图 2-57　植物综合图例 5

图 2-58　植物综合图例 6

1. 简述植物造景设计的原则。
2. 制作 5 份植物图谱。

【学习目标】

1. 了解住宅小区庭院设计要点；

2. 通过分析住宅小区庭院设计案例，掌握住宅小区庭院设计的方法和技巧。

【教学方法】

1. 理论讲授结合图片展示，通过大量的住宅小区庭院设计案例分析，启发和引导学生的设计思维，训练学生的图纸绘制能力；

2. 教师为主导，学生为主体的原则，运用多种教学方式，激发学生学习积极性；注重锻炼学生的动手能力和实践操作能力。

【学习要点】

1. 能综合考虑住宅小区的环境因素、场地因素和设计原则，完成住宅小区庭院的设计；

2. 能根据住宅小区庭院的设计要求合理地规划功能空间。

任务一　　掌握住宅小区庭院设计的方法和技巧

【学习目标】

1. 了解住宅小区庭院设计的原则和规范；

2. 掌握住宅小区庭院设计的方法和技巧。

【教学方法】

1. 讲授理论与展示图片结合，同时利用课堂提问和现场教学，以及大量的住宅小区庭院设计案例分析，启发和引导学生的设计思维，训练学生的图纸绘制能力；

2. 运用头脑风暴法激发学生的设计思维，注重锻炼学生的创新能力和实践动手能力。

【学习要点】

1. 能根据设计原则完成住宅小区庭院的设计和规划；

2. 能结合住宅小区庭院的设计要求设计住宅小区庭院。

一、住宅小区设计概述

中国古代城市居住区的基本组织形式，在唐代以前主要采用的是封闭的里坊制，在北宋仁宗末年以后为街巷制，至元代又出现了大街——胡同的结构形式，半殖民地半封建社会时期出现了里弄式居住区。1949 年以后，先后又有邻里单位、居住街坊、居住小区等形式出现。20 世纪 70 年代后，由于城市居住区规模扩大，出现了划分为若干小区的、规模在 30 000 ～ 50 000 人的、特指的居住区，并作为规范化的形式被广泛使用。《城市居住区规划设计规范》中的"居住区"，实际上是指"居住区—小区—组团"的特定规划模式。

城市以人口高密度的集约化居住为主要特征，城市提供人们居住、工作、游憩、交往等诸多功能。住宅小区为生活在城市的人们提供生存与休憩的空间，也提供相互交流的场所。随着城市的发展与扩张，住宅小区已经不再局限于城市的市区。城市郊区自然环境好，地价便宜，许多城市新住宅区都建造在城市的郊区。随着郊区交通条件的改善，越来越多的人选择在郊区居住。

人们在基本解决了居住需求之后，已经不再满足于家庭内部的装修，而是通过户外景观环境与室内的结合，实现室内外空间的有效衔接。住宅小区景观环境的质量直接影响到人们的生活品质，是人们购买住宅小区的重要参考指标。良好的住宅小区景观环境不仅可以通过吸引住户走出居室，为住户提供与自然万物交往的空间，还可以就近为住户提供面积充足、设施齐备的软质和硬质活动场地，提供住户间人与人交往的场所，进而从精神上创造和谐融洽的小区氛围。

二、住宅小区的环境构成

住宅小区的环境构成包括物质要素和精神要素。其中物质要素又分为自然要素和人工要素。自然要素包括地形、水体、植被、土壤等；人工要素包括建筑物、各类公共服务设施、道路、工程设施等；精神要素包括宗教信仰、地方风俗、社区文化等。住宅小区的庭院设计不仅仅是物质形态的规划与设计，更是把住宅小区的庭院营造成为一种精神与文化象征的设计。

三、住宅小区的用地组成

根据土地的不同功能，住宅小区用地分为住宅用地、公建用地、道路用地和公共绿地四大类。其中，住宅用地是住宅建筑基地占地及其四周合理间距内的用地（含宅间绿地和宅间小路等）的总称。道路用地是住宅小区道路、组团路以及非公建配建的居民小汽车、单位通勤车等停放场地的总称。在住宅小区庭院规划设计中，存在用地平衡问题。例如，要尽量增加庭院用地的面积，就要适当减少和压缩道路面积和停车场面积。但为了满足住区的交通需要，一般来说，道路总面积在居住区面积的10%左右比较合理。

公共绿地是满足规定的日照要求，适合于安排游憩活动设施，供居民共享的游憩绿地。包括居住区公园或花园、小游园和组团绿地及其他块状、带状绿地等。公共绿地以植物为主，与自然地形、山水和建筑小品等构成不同功能、变化丰富的空间，为居民提供各种特色的公共空间。

公共绿地指标应根据居住人口规模分别达到：组团级不少于 $0.5\ m^2$/人；小区（含组团）不少于 $1\ m^2$/人；居住区（含小区或组团）不少于 $1.5\ m^2$/人。绿地率：新区建设应不小于30%；旧区改造宜不小于25%；种植成活率不小于98%。

四、住宅小区庭院设计的原则

1. 整体性原则

住宅小区是一个多功能的社区，它不仅包括居住建筑，还包括人的居住活动场所，可以说每个居住区都可以被看作是一个"小型社会"。住宅小区庭院设计首先要考虑整体性的设计原则，各组团区域之间要彼此有联系和呼应，形成一个有机的整体，保证整体布局和形象的协调。

2. 生态设计原则

生态设计的核心思想就是人与自然的共生共存、和谐发展。生态设计原则主要包括以下几个方面。

（1）应尊重当地的传统文化，吸收当地文化的精髓。由于当地人依赖于其生活环境获得日常生活的物质资料和精神寄托，他们关于环境的认识和理解是当地文化的有机衍生和积淀，所以设计应考虑当地人和其文化传统给予的启示。

（2）应因地制宜，合理利用原有景观。要避免单纯地追求宏大的气势和规模，要因地制宜，将原有景观要素加以利用。当地植物和建材的使用，是景观生态化设计的一个重要手段。景观生态学强调生态板块的合理分布，而自然分布状态的板块本来就传达出一种无序的美。

（3）住宅小区的规划必须遵循形式美的法则来构思，考虑主从与重点、均衡与稳定、对比与微差、韵律与节奏、比例与尺度等要素，创造出一个丰富、有机、完整的户外环境景观。住宅小区外环境景观应为住户营造出归属感，给人舒缓、放松的抚慰，达到以景养心、以境养人的功能。

3. 以人为本原则

以人为本是指在充分尊重自然、历史、文化和地域的基础上满足不同阶层人的生理和审美需求，实现设计以人为本位的理念。以人为本的原则贯彻到住宅小区庭院设计中，应体现出景观不是单纯的观赏性空间，应形成有序的空间层次和多样的交往空间形式，形成人与自然相互交融的空间。

以人为本还应考虑到住宅小区外部空间的空气环境、湿热环境、声环境、光环境、水环境等五大环境健康性问题。应通过景观的高低、穿插、围合、引进、剔除，以及生态技术等的运用，尽量消除或减轻五大环境的污染。如对小区汽车噪声和尾气的隔绝，以及汽车对小区住户日常出入的干扰的避免，可以通过人车分行、在车行道两旁种植绿化带等方法来解决；也可以将小区汽车直接停放在小区周边，使其不进入小区内部，实行小区内部步行化，辅助以自行车等措施来解决。

住宅小区庭院设计如图 3-1～图 3-22 所示。

图 3-1　住宅小区庭院设计 1

图 3-2　住宅小区庭院设计 2

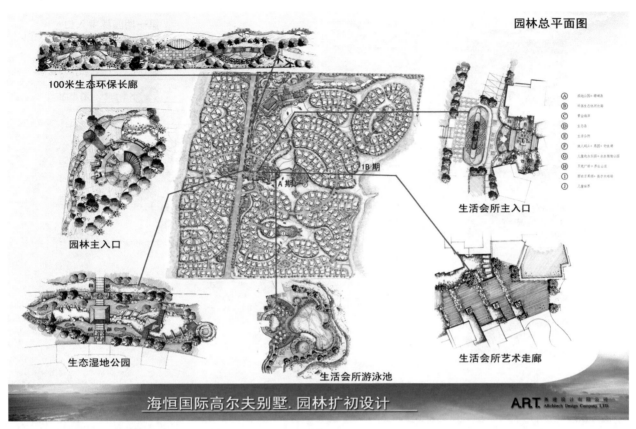

园林总平面图

100米生态环保长廊

园林主入口

生态湿地公园

A期

1B期

生活会所主入口

生活会所游泳池

生活会所艺术走廊

海恒国际高尔夫别墅.园林扩初设计

A.R.T. 奥建设计有限公司

图 3-3　住宅小区庭院设计 3

第一期园林总平面图

样板屋A

样板屋B及儿童世界

泳池区

渔人码头

生活会所

生活会所主入口

园林主入口设计

生态湿地公园

小区主入口

100米生态环保休闲长廊

海恒国际高尔夫别墅.园林扩初设计

A.R.T. 奥建设计有限公司

图 3-4　住宅小区庭院设计 4

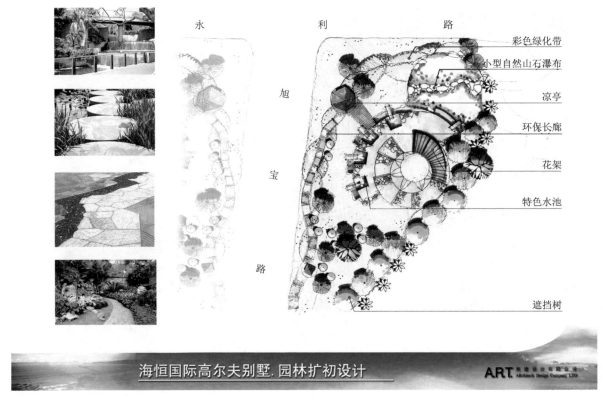

图 3-5　住宅小区庭院设计 5

图 3-6　住宅小区庭院设计 6

图 3-7　住宅小区庭院设计 7

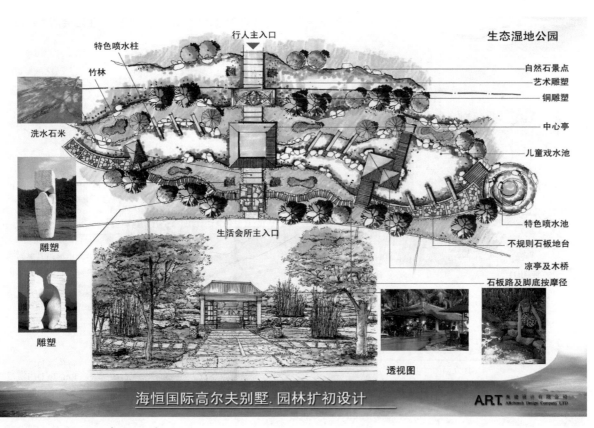

图 3-8　住宅小区庭院设计 8

生态湿地公园透视图

海恒国际高尔夫别墅. 园林扩初设计

A.R.T. 英建设计有限公司
Altchitech Design Company LTD.

图 3-9　住宅小区庭院设计 9

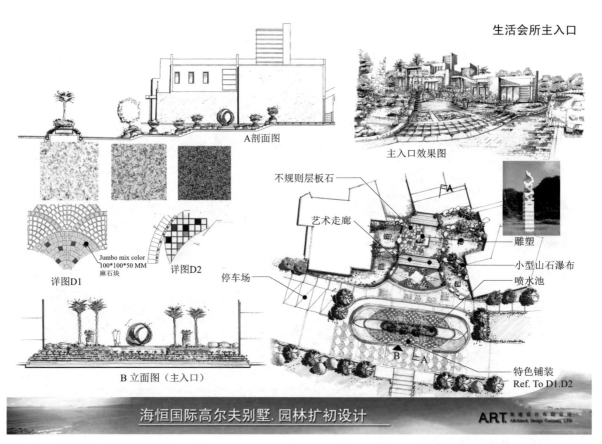

生活会所主入口

A剖面图

主入口效果图

不规则层板石

艺术走廊

Jumbo mix color
100*100*50 MM
麻石块

详图D1

详图D2

停车场

雕塑

小型山石瀑布

喷水池

B 立面图（主入口）

特色铺装
Ref. To D1.D2

海恒国际高尔夫别墅. 园林扩初设计

A.R.T. 英建设计有限公司
Altchitech Design Company LTD.

图 3-10　住宅小区庭院设计 10

图 3-11　住宅小区庭院设计 11

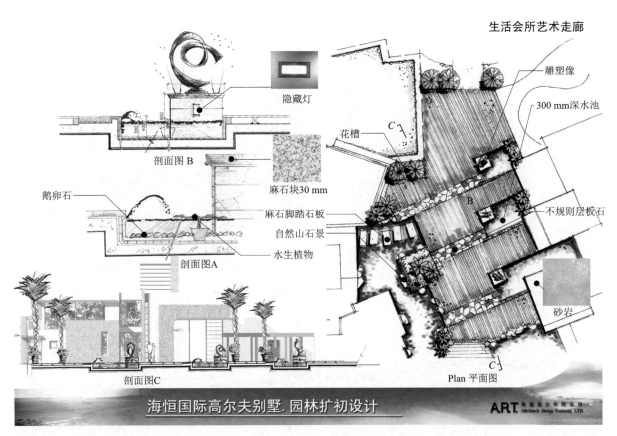

生活会所艺术走廊

图 3-12　住宅小区庭院设计 12

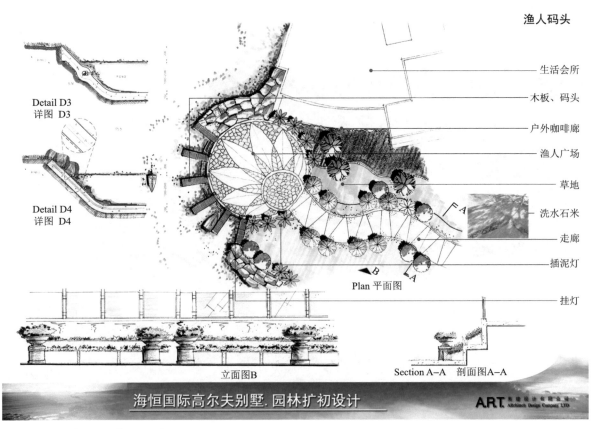

渔人码头

Detail D3
详图 D3

Detail D4
详图 D4

生活会所
木板、码头
户外咖啡廊
渔人广场
草地
洗水石米
走廊
插泥灯

Plan 平面图

挂灯

立面图B

Section A–A 剖面图A–A

海恒国际高尔夫别墅. 园林扩初设计

A.R.T. 朗建设计有限公司
Allchitech Design Company LTD

图 3-13 住宅小区庭院设计 13

生活会所游泳池

无边泳池
标准池
浅水池
按摩池
水中酒吧
儿童嬉水池
月光木板地台
自然山石瀑布

游泳池效果图

剖面图

无边泳池剖面图

海恒国际高尔夫别墅. 园林扩初设计

A.R.T. 朗建设计有限公司
Allchitech Design Company LTD

图 3-14 住宅小区庭院设计 14

图 3-15　住宅小区庭院设计 15

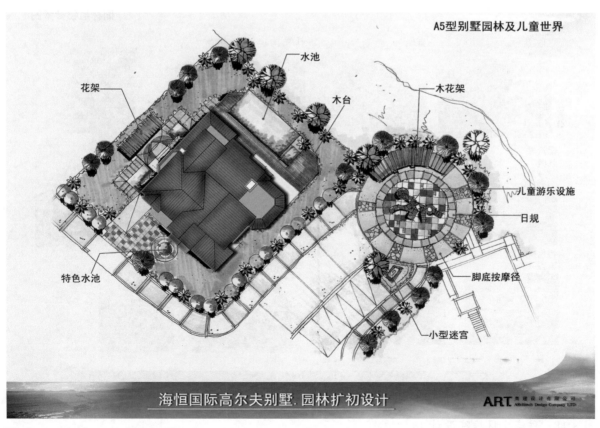

图 3-16　住宅小区庭院设计 16

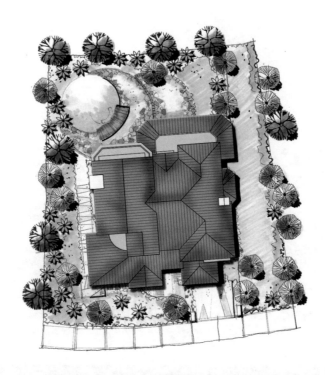

海恒国际高尔夫别墅.园林扩初设计

图 3-17 住宅小区庭院设计 17

园林植物参考图

海恒国际高尔夫别墅.园林扩初设计

图 3-18 住宅小区庭院设计 18

图 3-19　住宅小区庭院设计 19

图 3-20　住宅小区庭院设计 20

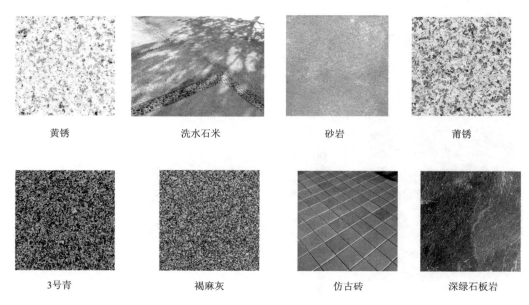

黄锈　　　洗水石米　　　砂岩　　　莆锈

3号青　　　褐麻灰　　　仿古砖　　　深绿石板岩

图 3-21　住宅小区庭院设计 21

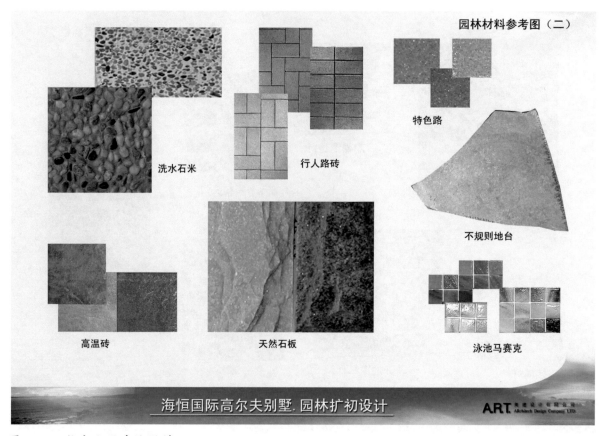

洗水石米　　　行人路砖　　　特色路

高温砖　　　天然石板　　　不规则地台　　　泳池马赛克

图 3-22　住宅小区庭院设计 22

任务二 住宅小区庭院设计案例分析

【学习目标】

1. 了解住宅小区庭院设计的原则和规范；
2. 掌握住宅小区庭院设计的方法和技巧。

【教学方法】

1. 讲授理论与展示图片结合，同时利用课堂提问和现场教学，以及大量的住宅小区庭院设计案例分析，启发和引导学生的设计思维，训练学生的图纸绘制能力；
2. 运用头脑风暴法激发学生的设计思维，注重锻炼学生的创新能力和实践动手能力。

【学习要点】

1. 能根据设计原则完成住宅小区庭院的设计和规划；
2. 能结合住宅小区庭院的设计要求设计住宅小区庭院。

一、住宅小区庭院设计的立意分析

1. 住宅小区庭院设计的特色

住宅小区庭院设计的特色是指住宅小区庭院的内在精神魅力。住宅小区庭院设计的立意要有"精神"，如江南私人住宅园林就有着"一年四季都有景，阴雨晴雪亦成趣"的特点。住宅小区庭院设计有时需要寻求返朴归真的意境，通过古典的技艺手法折射出不同的文化韵味和生活意境。

2. 传统文化对住宅小区庭院设计的影响

在画理中有"远山无脚，远树无根，远舟无身"之说。这一说法引入住宅小区庭院设计里就成为园意。在做住宅小区庭院设计时，要力求区域内每个可做观赏点的地方，都设计成一幅意义深远的风景画。同时，对人文环境和自然环境要进行体察入微的体验，有所心得的时候再进行布局设计，开拓景观的意境，形成特有的景观风貌。

二、住宅小区庭院设计的布局分析

住宅小区庭院空间是由实体建筑间的空隙空间和公共用地空间共同构成的。在做住宅小区庭院设计的时候，布局风格一般以写意、精致、自由、淡雅和小巧见长。住宅小区庭院是城市中最充满意趣的"公共园林"之一，在这个浓缩的"小天地"中，设计师应该努力让住宅小区庭院内的花草树木在四季拥有不同的景色。让小区内的居民可以拥有"不出城郭而获山林之趣，身居闹市而有林泉之乐"的生活环境。

1. 住宅小区庭院设计的局部布局

住宅小区庭院设计要在面积有限的空间内，采取不断变换和不拘一格的营造手段，营造出山水树木、亭台楼榭和小桥流水，让整个住宅小区庭院能够以景取胜，给人一种小中见大的感官视觉效果。

2. 住宅小区庭院设计的整体布局

住宅小区庭院设计在整体布局上，要以主要景观为中心，有主有次，以小品见大景，创造出步移景亦移的视觉效果。在空间设计上要有时开阔明朗，有时曲折幽深，或者隐藏或者显露，或者密集或者稀疏，做到虚与实呼应，实与虚有别的布局手法。住宅小区庭院的叠水与花木应参差起落，层次丰富多变，意境深远悠长。

三、住宅小区庭院设计的地形分析

住宅小区庭院设计中的地形是指住宅小区绿地表面各种起伏跌宕的地貌。地形的起伏跌宕通常会形成盆地、山峰、丘陵、平原等各种地貌，形成独特的节奏美感。起伏跌宕的地形主要有以下作用：

（1）改善园林植物种植的条件，提供干、湿、阴、阳等多样的环境。

（2）利用地形的起伏排水，起到抗旱、灌溉的作用。

（3）丰富空间形式，为业主提供各种各样的地形条件。

（4）营造景观空间氛围，创造优美的景观视觉效果。

住宅小区庭院地形设计的主要手法有以下几种：

（1）平地：是指住宅小区庭院内坡度较平缓的地块。此种地形在住宅小区庭院设计中应用比较多。住宅小区庭院中的平地大致有草地、休息广场、体育娱乐区、实体建筑用地等。

（2）堆山（或叫掇山）：住宅小区庭院一般是以绿化为主的花园式庭院。如果地形像山一样的高低起伏，不仅能够调节人们的视点，组织有限的空间，而且能在不同视觉角度产生更加丰富的观赏效果。堆山引入住宅小区庭院中可以是独山，亦可以是群山。独山有独山的趣味，群山有群山的气势。在住宅小区庭院中设计独山或群山时，都应该注意山的东西延长，最好有较大的一面山向阳，这样有利于花草树木的栽种。

（3）理水：优秀的住宅小区庭院设计，水景是不可或缺的，堆山必须有水景与之配合才能更好地展现其风貌。山是静止的景物，水才能使山活动起来，这样才能够打破静止封闭的空间效果，形成空间的趣味。水也能够调节气候，吸收烟尘，还能够养鱼种荷等，增加住宅小区庭院的情趣。

（4）叠石：是指石头的重叠设置，叠石景观是住宅小区庭院中的主景。叠石手法通常可分两类：一类点石成景，主要利用单石、聚石和散石等合聚组成一个观赏点；二类整体构景，用许多块石头堆叠成很具有艺术观赏性的形体。叠石的手法有很多种，如挑、飘、透、连、垂、卡、剑等。

四、住宅小区庭院设计的理念分析

住宅小区庭院设计的理念主要有以下几点：

（1）住宅小区庭院设计的主景与配景。在各种住宅小区庭院的设计创作中，首先要明确主题与副题、重点与一般、主角与配角、主景与配景等关系。在住宅小区庭院设计布局时，第一任务是确定主题思想，要考虑住宅小区庭院设计中最主要的艺术形象和设计亮点，也就是最先设计住宅小区庭院的主景。住宅小区庭院主景的设计内容不能少于次景，次景要成为主景的衬托与点缀。

（2）住宅小区庭院设计的对比与调和。在住宅小区庭院总体设计中，运用统一与变化的规律，使得住宅小区庭院的形象表现得更加具体。在住宅小区庭院设计中有时候采用突变的景象，可以唤起人们游玩的兴趣。住宅小区庭院设计调和的手法，是通过住宅小区庭院布局的形式以及建造用的材料等多方面的协调来实现的。

（3）住宅小区庭院设计的节奏与韵律。在住宅小区庭院设计中通常会有同样的景物重复出现的情况，相同的景观反复地出现可以创造出节奏感和韵律感，丰富空间的趣味。

（4）住宅小区庭院设计的均衡与稳定。在住宅小区庭院设计的布局中，一般静态景观要依靠动势来求得均衡，这是一种拟对称的均衡。拟对称的均衡是指住宅小区庭院的景观主轴不是在同一中线上，两边的景物在大小、形态等方面与主轴的距离和尺寸都不相等。另外，两边的景观在住宅小区庭院中又处在动态的均衡之中。

（5）住宅小区庭院设计的尺度与比例。在物理学中物体必定会有三个方向（即长、宽、高）的尺度与比例。研究住宅小区庭院设计的比例关系，首先是研究长、宽、高之间的关系。其次是研究这三个关系的内涵，包括景物自身拥有的三维空间关系和住宅小区庭院与局部景物间的关系。尺度一般分为不可变尺度与可变尺度两种。不可变尺度是以人体工程学的常规尺寸为依据；可变尺度就是具体的形体尺度。住宅小区庭院设计中经常应用比较夸张的尺度，这种用夸张尺度的手法就是将景物放大或缩小，以求住宅小区庭院景观达到既具有艺术性，又具有实用性的设计效果。

（6）在住宅小区庭院设计时应该以和谐为主。中国的园林设计比较注重自然和谐，以创造原生态的休憩环境。住宅小区庭院设计应在自然和谐的基础上，设计出既有自然生态美，又有人文艺术美的原生态的住宅小区庭院。和谐是中国一直贯彻的传统文化，并且深刻地影响着住宅小区庭院的设计。

（7）住宅小区庭院设计要服务于自然生态环境。在自然生态环境被严重破坏的今天，住宅小区庭院设计应该有助于生态环境的改善，而不能单单是为了满足自己的居住条件来设计住宅小区庭院。自然生态有其自身的法则，应尽量做到住宅小区庭院生物群落的多样性，尽量多地使用本乡本土的植物种类，尽量多地增加植物层次等。

住宅小区庭院设计案例如图 3-23 ～图 3-58 所示。

案例一：维也纳森林住宅小区庭院设计

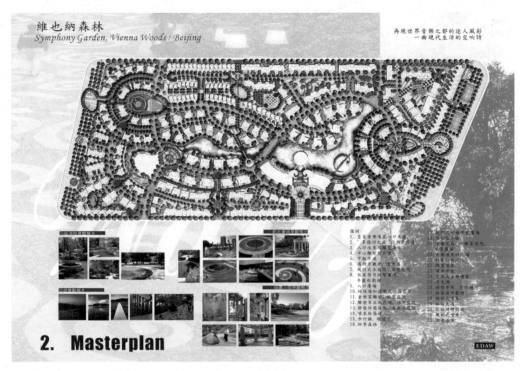

图 3-23 维也纳森林住宅小区庭院设计 1

图 3-24 维也纳森林住宅小区庭院设计 2

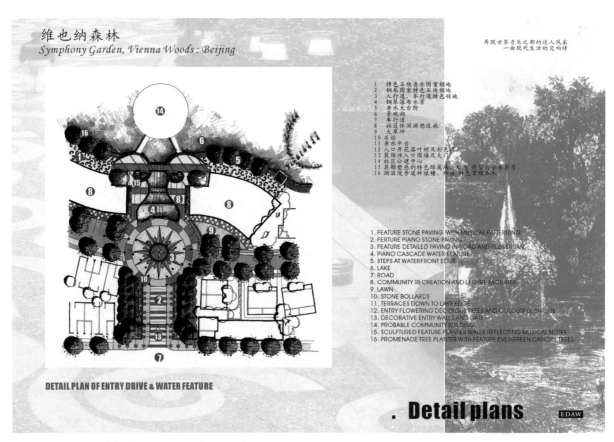

维也纳森林
Symphony Garden, Vienna Woods : Beijing

再现世界音乐之都的迷人风采
一曲现代生活的交响诗

1 特色石块音乐图案铺地
2 钢琴图案特色石块铺地
3 人行道，车行道特色铺地
4 钢琴瀑布水景
5 景观湖大台阶
6 景观湖
7 车行道
8 社区休闲游憩设施
9 大草坪
10 石柱
11 亲水平台
12 入口开花落叶树及彩色灌木
13 装饰性入口围墙及大门
14 社区公建中心
15 具雕塑感的特色绿篱墙，形态 修剪为音乐符号
16 湖滨漫步道种植槽，常绿 特色常绿乔木

1. FEATURE STONE PAVING WITH MUSICAL PATTERNING
2. FERTURE PIANO STONE PAVING
3. FEATURE DETAILED PAVING IN ROAD AND PEDESTRIAN
4. PIANO CASCADE WATER FEATURE
5. STEPS AT WATERFRONT EDGE
6. LAKE
7. ROAD
8. COMMUNITY RECREATION AND LEISURE FACILITIES
9. LAWN
10. STONE BOLLARDS
11. TERRACES DOWN TO LAKE EDGE
12. ENTRY FLOWERING DECIDIOUS TREES AND COLOURFUL SHRUBS
13. DECORATIVE ENTRY WALLS AND GATE
14. PROBABLE COMMUNITY BUILDING
15. SCULPTURED FEATURE PLANTER WALLS REFLECTING MUSICAL NOTES
16. PROMENADE TREE PLANTER WITH FEATURE EVERGREEN CANOPY TREES

DETAIL PLAN OF ENTRY DRIVE & WATER FEATURE

. Detail plans   EDAW

图 3-25　维也纳森林住宅小区庭院设计 3

维也纳森林
Symphony Garden, Vienna Woods : Beijing

DETAIL PLAN OF FORMAL WATER COURT

再现世界音乐之都的迷人风采
一曲现代生活的交响诗

1. STONE AMPHITHEATRE SEATING
2. FEATURE STONE AND GRASS PAVING
3. FEATURE MUSIC NOTE ICON
4. FEATURE PIANO STONE PAVING
5. FLOWERING TREE AND SHRUB PLANTING ENCLOSURE OVER MOUNDING
7 FOUNTAIN AND WATER FEATURE
7 LAWN AREA AND SEATING SPACE -- RAISED PLATFORM
8 AVENUE -- DECIDUOUS TREES AND FLOWERING SHRUBS
9 DETAILED FEATURE PAVING IN ROAD AND PEDESTRIAN ZONE
10 MUSIC COMPOSER SCULPTURE COURT AND DISPLAY
11 ACCENT PLANTING AND SCULPTURE SPACE
12 PEDESTRIAN LINKS
13 ROTUNDA VIEWING STRUCTURE
14 WATERFRONT STONE PAVED PROMENADE WITH STEPS AT WATER'S EDGE
15 LAKE

1 半圆形露天剧场
2 特色石块与草坪铺砌
3 特色音乐符号图案
4 特色钢琴键石块铺地
5 草坪上开花乔灌木组成的绿色围栏
6 喷泉水景
7 草坪区域／高起平台的座椅空间
8 林荫道——落叶树和步行道的特色铺地
9 车行道和步行道特色铺地
10 音乐家雕塑庭院
11 重点种植与雕塑空间
12 湖滨漫步道景观节点
13 观湖圆亭
14 亲水石头漫步道
15 景观湖

. Detail plans   EDAW

图 3-26　维也纳森林住宅小区庭院设计 4

图 3-27　维也纳森林住宅小区庭院设计 5

图 3-28　维也纳森林住宅小区庭院设计 6

图 3-29　维也纳森林住宅小区庭院设计 7

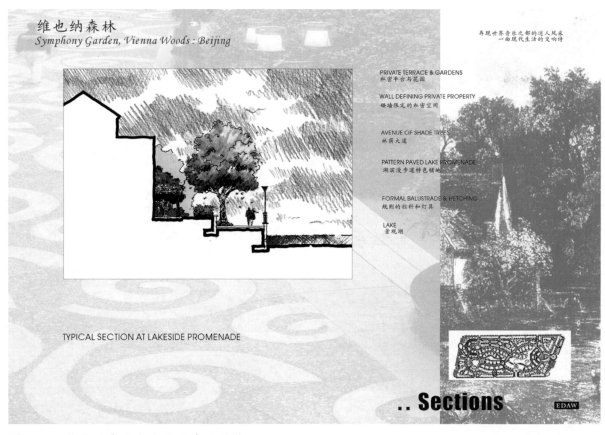

图 3-30　维也纳森林住宅小区庭院设计 8

图 3-31　维也纳森林住宅小区庭院设计 9

图 3-32　维也纳森林住宅小区庭院设计 10

案例二：南京汤泉住宅小区庭院设计

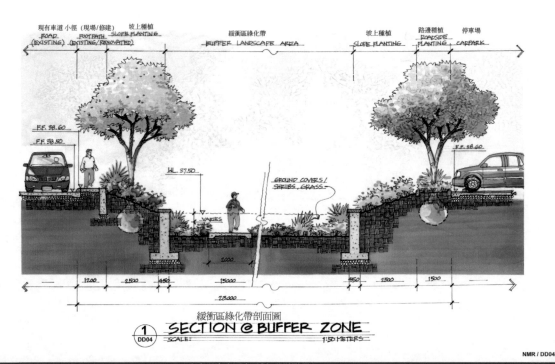

图 3-33 南京汤泉住宅小区庭院设计 1

图 3-34 南京汤泉住宅小区庭院设计 2

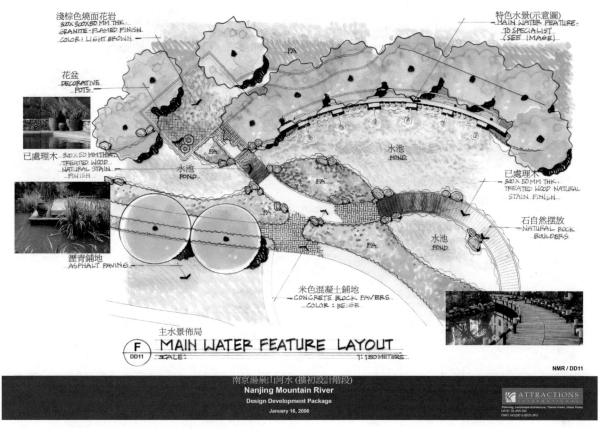

图 3-35 南京汤泉住宅小区庭院设计 3

图 3-36 南京汤泉住宅小区庭院设计 4

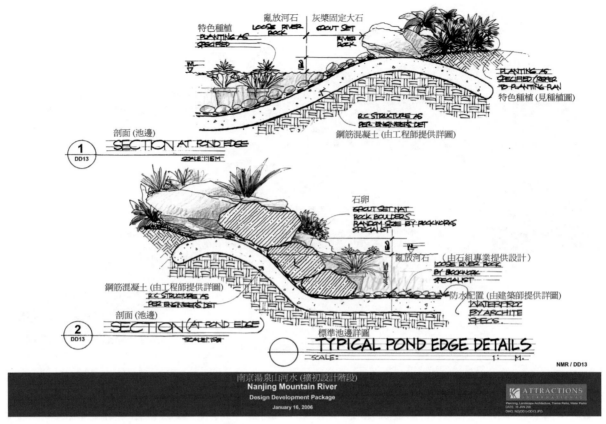

图 3-37　南京汤泉住宅小区庭院设计 5

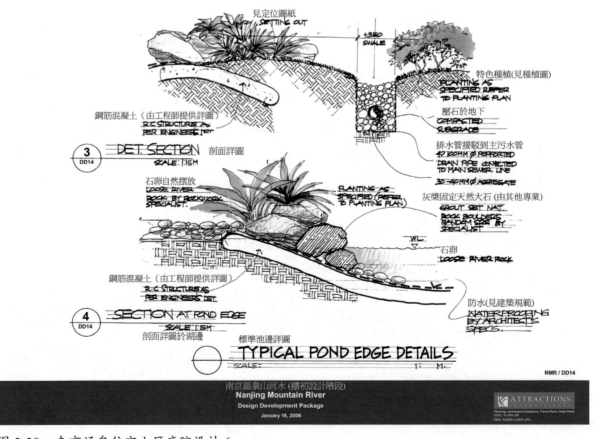

图 3-38　南京汤泉住宅小区庭院设计 6

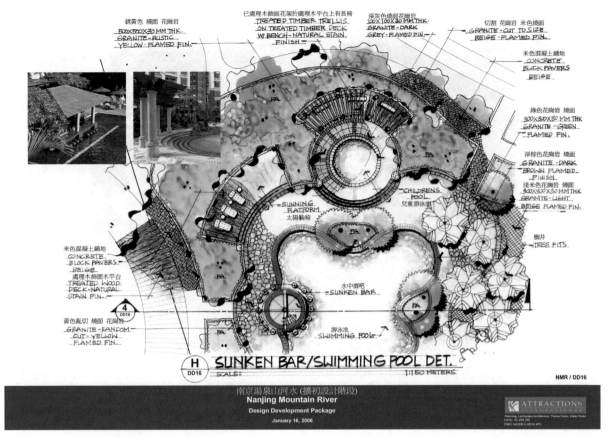

图 3-39　南京汤泉住宅小区庭院设计 7

图 3-40　南京汤泉住宅小区庭院设计 8

游泳池 – 效果圖

SWIMMING POOL PERSPECTIVE

图 3-41   南京汤泉住宅小区庭院设计 9

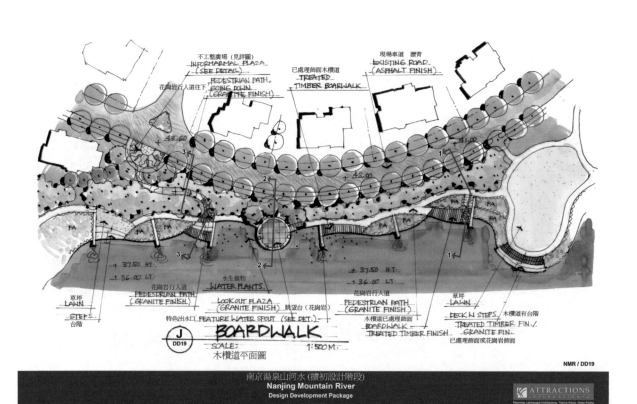

图 3-42   南京汤泉住宅小区庭院设计 10

湖畔走廊 - 效果圖
BOARDWALK PERSPECTIVE

NMR / DD20

南京湯泉山河水 (擴初設計階段)
Nanjing Mountain River
Design Development Package
January 16, 2006

图 3-43　南京汤泉住宅小区庭院设计 11

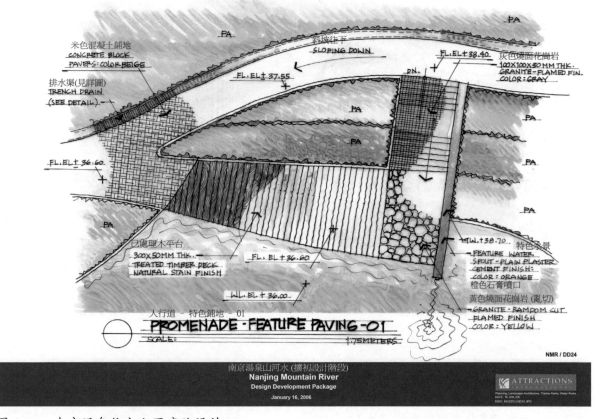

米色混凝土鋪地
CONCRETE BLOCK
PAVERS: COLOR BEIGE

排水渠(見詳圖)
TRENCH DRAIN
(SEE DETAIL)

FL. EL± 36.60

PA

已處理木平台
300X50MM THK.
TREATED TIMBER DECK
NATURAL STAIN FINISH

FL. EL + 36.60

WL. EL + 36.00

斜坡往下
SLOPING DOWN

FL. EL± 37.55

FL. EL± 38.40

DN.

灰色燒面花崗岩
100X100X50 MM THK.
GRANITE - FLAMED FIN.
COLOR: GRAY

PA

TW. + 38.70　特色水景
FEATURE WATER
SPOUT - PLAIN PLASTER
CEMENT FINISH:
COLOR: ORANGE
橙色石膏噴口

黃色燒面花崗岩 (亂切)
GRANITE - RANDOM CUT
FLAMED FINISH
COLOR: YELLOW

人行道 - 特色鋪地 - 01
PROMENADE - FEATURE PAVING - 01
SCALE:
1:75 METERS

NMR / DD24

南京湯泉山河水 (擴初設計階段)
Nanjing Mountain River
Design Development Package
January 16, 2006

图 3-44　南京汤泉住宅小区庭院设计 12

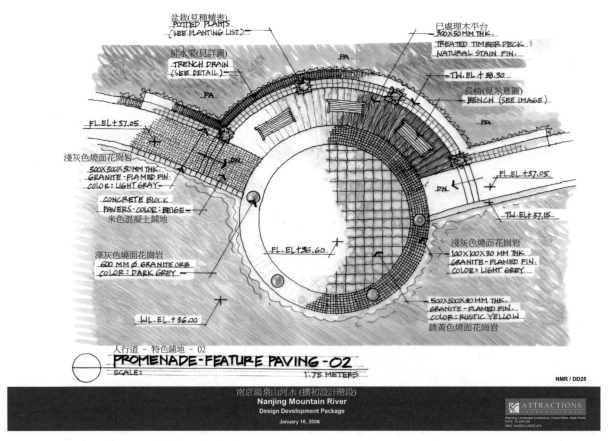

图 3-45 南京汤泉住宅小区庭院设计 13

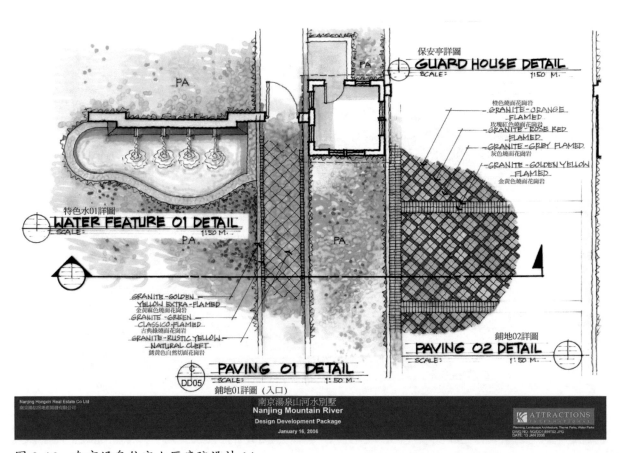

图 3-46 南京汤泉住宅小区庭院设计 14

图 3-47　南京汤泉住宅小区庭院设计 15

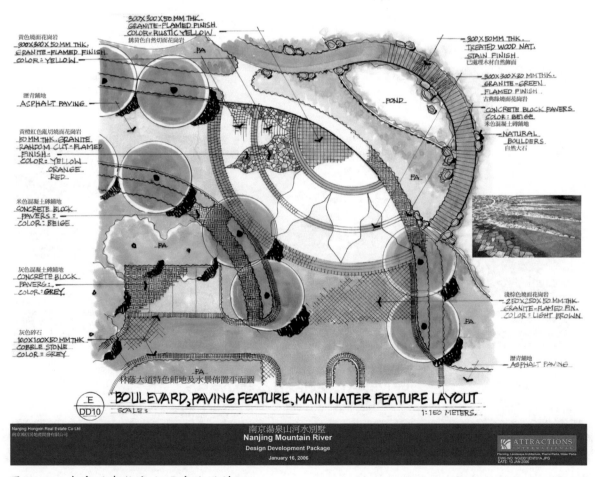

图 3-48　南京汤泉住宅小区庭院设计 16

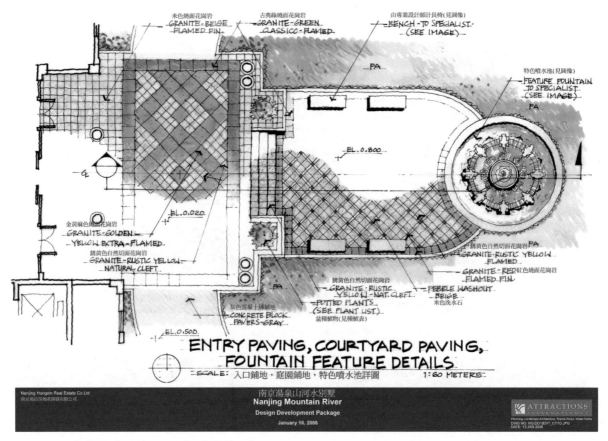

图 3-49 南京汤泉住宅小区庭院设计 17

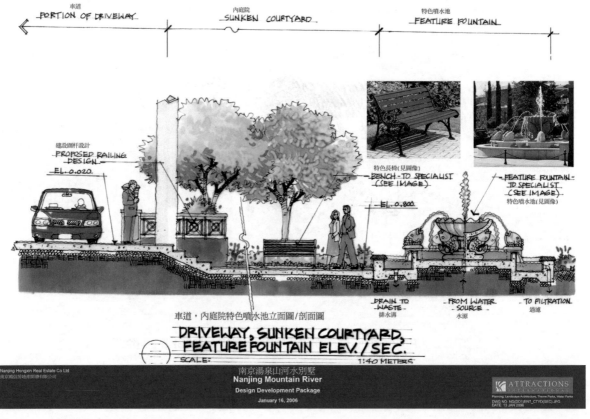

图 3-50 南京汤泉住宅小区庭院设计 18

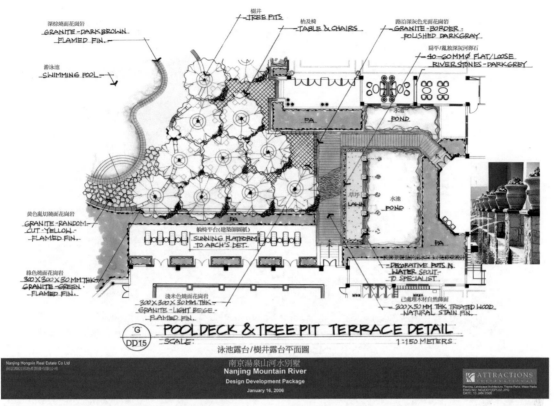

图 3-51　南京汤泉住宅小区庭院设计 19

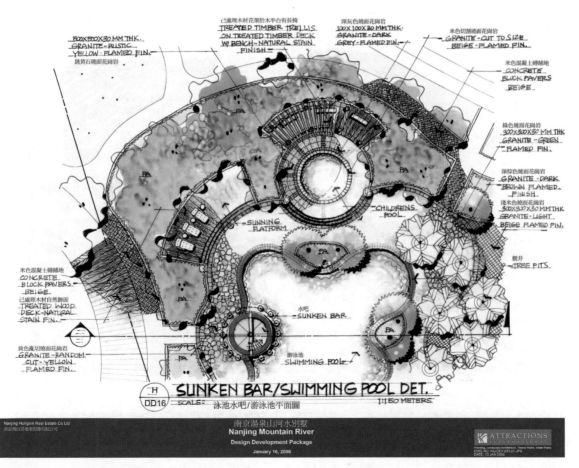

图 3-52　南京汤泉住宅小区庭院设计 20

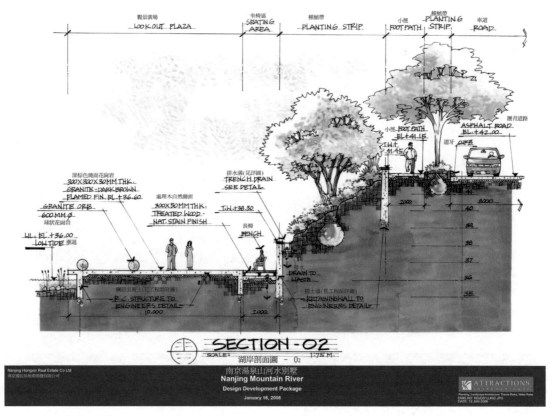

图 3-53　南京汤泉住宅小区庭院设计 21

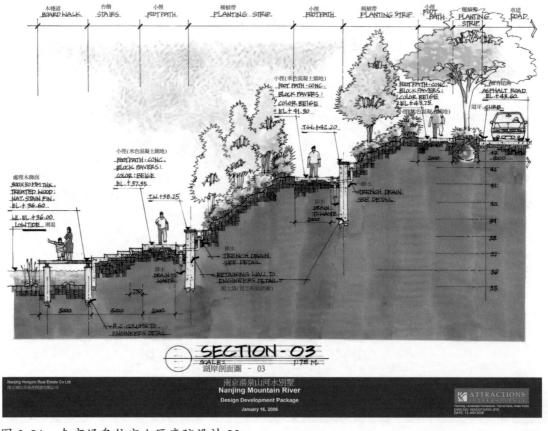

图 3-54　南京汤泉住宅小区庭院设计 22

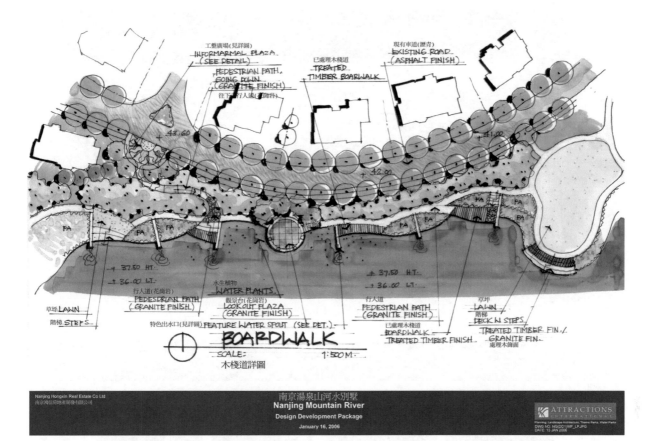

图 3-55 南京汤泉住宅小区庭院设计 23

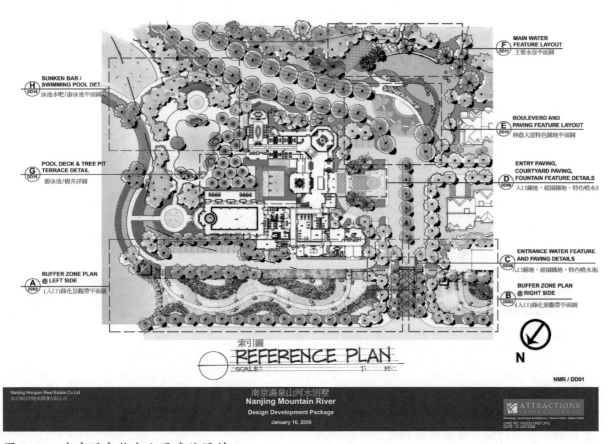

图 3-56 南京汤泉住宅小区庭院设计 24

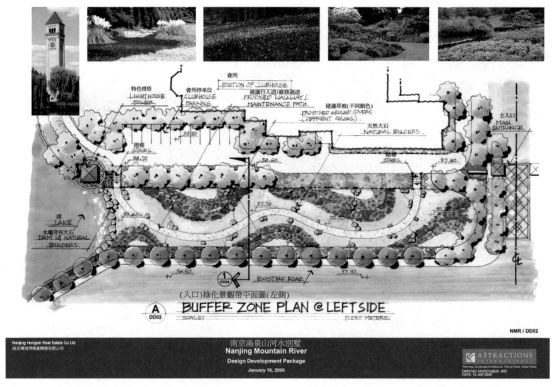

图 3-57　南京汤泉住宅小区庭院设计 25

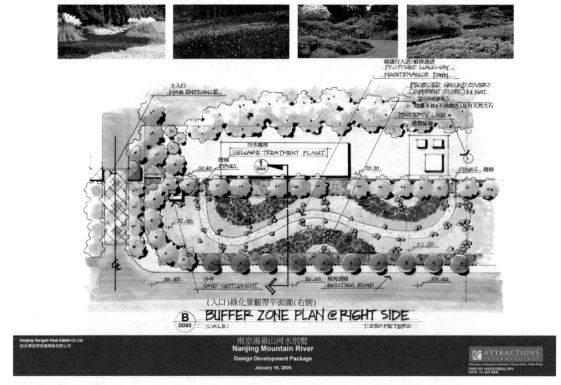

图 3-58　南京汤泉住宅小区庭院设计 26

1. 居住区园林地形设计的主要手法有哪些？

2. 制作一整套住宅小区庭院设计图。

别墅庭院设计

【学习目标】

1. 了解别墅庭院设计要点；

2. 通过分析别墅庭院设计案例，掌握别墅庭院设计的方法和技巧。

【教学方法】

1. 理论讲授结合图片展示，通过大量的别墅庭院设计案例分析，启发和引导学生的设计思维；

2. 教师为主导，学生为主体的原则，运用多种教学方式，激发学生学习积极性；注重锻炼学生的动手能力和实践操作能力。

【学习要点】

1. 能综合考虑别墅的环境和场地因素，完成别墅庭院的设计；

2. 能根据别墅庭院的设计要求合理的搭配植物。

任务一　掌握别墅庭院设计的方法和技巧

【学习目标】

1. 了解别墅庭院设计的要点；

2. 掌握别墅庭院设计的方法和技巧。

【教学方法】

1. 讲授理论与展示图片结合，同时利用课堂提问和现场教学，以及大量的别墅庭院设计案例分析，启发和引导学生的设计思维；

2. 运用头脑风暴法激发学生的设计思维，注重锻炼学生的创新能力和实践动手能力。

【学习要点】

1. 能运用造型法则完成别墅庭院的设计；

2. 能结合别墅庭院的设计要求设计别墅庭院。

别墅庭院设计是住宅庭院设计的一个分支，是指对别墅的周边院落进行合理的规划和布局，使之在功能上更加完善，在视觉效果上更加美观的设计。别墅庭院设计是对住宅院落的美化和再创造，可以看作是住宅建筑形式的向外延续，优美的别墅庭院环境可以为户主提供休闲、社交、用餐、读书、日光浴、娱乐等多项用途，并可以优化室内外环境，实现室内外景观的纵深联系。

别墅庭院的设计要点主要有以下几点。

1.布局

别墅庭院设计的布局形式主要有两种，即规则式和自然式。规则式布局讲究协调、秩序和韵律，常采用对称、重复和渐变等构成手法，使整体的空间布局呈现出整齐、统一、庄重大气的视觉效果，给人以宁静、稳定、秩序井然的感觉。自然式布局模仿自然景观的野趣，追求虽由人做但宛如天成的美学境界，在布局上较灵活、自由，常用曲线来柔化空间，使整体的空间布局呈现出活泼、流畅的美感。

2. 功能分区

别墅庭院设计要根据别墅庭院的面积大小和户主的功能需求进行合理的功能分区。对于面积较小的别墅庭院，其功能区域较少，主要满足户主休闲和观赏植物、花卉的功能需求。对于面积较大的别墅庭院，则应设置较丰富的功能区域，可将整个别墅庭院景观分为主景和辅景。主景一般只有一个，设置在别墅庭院的中心或核心区域，主景可以由休闲凉亭、鱼池、假山、景墙、小溪、花架等构成，是整个别墅庭院的视觉焦点和主要休闲场所。辅景可以设置几个，如前院的入户景观、连接主景的蜿蜒小路等。别墅庭院的功能分区要严格按照人体工程学的尺寸规范来进行布置，保证足够的空间进行户外活动。在尺寸较小的区域，应尽量减少功能区的设置。

3. 道路路线设计

道路路线是连接别墅庭院的骨架，设计时应注意三点：一是保证别墅庭院整体交通的畅通，尽量减少交叉路线；二是通过道路的蜿蜒、曲折变化，以及材质、拼图的选择，营造出活泼、灵动的美感；三是保证道路畅通所需的尺寸，并注意道路交通的安全，如临水的道路要设置围栏，路面应尽量选择粗糙些（防滑）的材料等。

4. 营造出景观的主次虚实和层次感

别墅庭院设计中景观的主次虚实可以通过造型来实现，如主景的造型应尽量丰富、复杂一些，使造型更具视觉吸引力；辅景的造型则尽量简化。也可以通过材料和色彩来实现，如主景的配色和材质较丰富，辅景的配色和材质相对平淡。景观的层次感可以通过景物的高低错落、大小配置和远近虚实来实现。值得注意的是，别墅庭院设计中应明确空间的序列，可将整个庭院划分为起始空间、过渡空间、重点空间和收尾空间四个空间序列，使整个庭院空间错落有致、主次分明。

5. 合理配搭植物

别墅庭院中的植物配搭，首先应根据空间的大小而定，庭院空间较大，植物配搭较丰富，庭院空间较小，植物配搭较简单。其次，植物的配搭要根据地理位置和气候条件而定，南方气候温和、湿润，植物物种较丰富，北方气候寒冷，植物物种较少。再次，应根据植物的花期，合理选择四季的植物，最好使庭院内一年四季都有花开和花香。最后，植物的配搭要体现出艺术美感，植物配搭时可以通过不同花色植物的混搭，展现出花团锦簇的效果，还可以通过植物之间的高低错落和大小变化表现出层次感。

6. 优化室内的视觉景观

别墅庭院设计要充分考虑从室内向外看的景观效果，保证视线的畅通和视觉的美感。另外，室外的花香还可以通过室内的门窗进入室内，增添室内的情趣。

别墅庭院设计如图 4-1 ～图 4-5 所示。

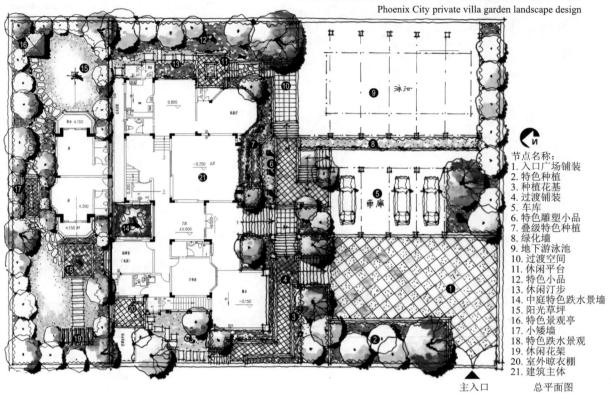

碧桂園鳳凰城私家別墅花園景觀設計方案
Phoenix City private villa garden landscape design

节点名称：
1. 入口广场铺装
2. 特色种植
3. 种植花基
4. 过渡铺装
5. 车库
6. 特色雕塑小品
7. 叠级特色种植
8. 绿化墙
9. 地下游泳池
10. 过渡空间
11. 休闲平台
12. 特色小品
13. 休闲汀步
14. 中庭特色跌水景墙
15. 阳光草坪
16. 特色景观亭
17. 小矮墙
18. 特色跌水景观
19. 休闲花架
20. 室外晾衣棚
21. 建筑主体

主入口　　　总平面图

图 4-1　别墅庭院设计案例 1

碧桂園鳳凰城私家別墅花園景觀設計方案
Phoenix City private villa garden landscape design

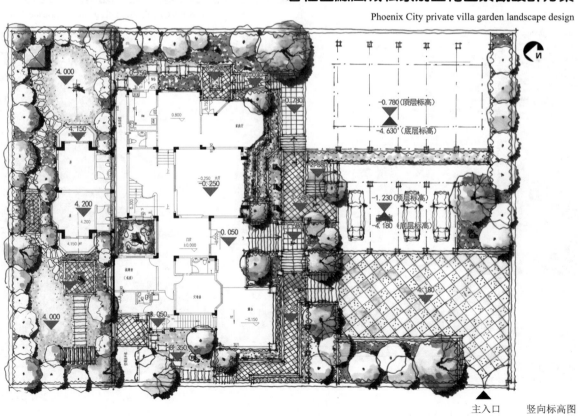

主入口　　　竖向标高图

图 4-2　别墅庭院设计案例 2

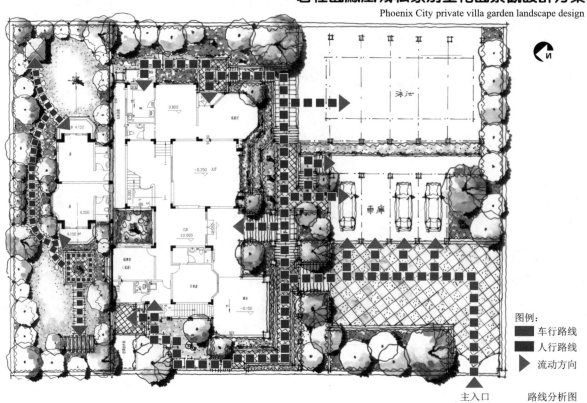

图 4-3　别墅庭院设计案例 3

图 4-4　别墅庭院设计案例 4

景观意向图2

图 4-5 别墅庭院设计案例 5

1. 别墅庭院的设计要点有哪些？
2. 绘制一套别墅庭院设计平面图。

任务二 别墅庭院设计案例分析

【学习目标】

1. 通过别墅庭院设计案例的分析，掌握别墅庭院设计的方法和技巧；
2. 能运用别墅庭院设计的方法和技巧设计别墅庭院。

【教学方法】

1. 讲授理论与实践练习相结合，通过大量的别墅庭院设计案例分析，启发和引导学生的设计思维；
2. 运用头脑风暴法激发学生的设计思维，注重锻炼学生的创新能力和实践动手能力。

【学习要点】

1. 能运用造型法则完成别墅庭院的设计；
2. 能结合别墅庭院的设计要求设计别墅庭院。

别墅庭院设计案例如图 4-6 ～图 4-20 所示。

图 4-6　别墅庭院设计案例 1

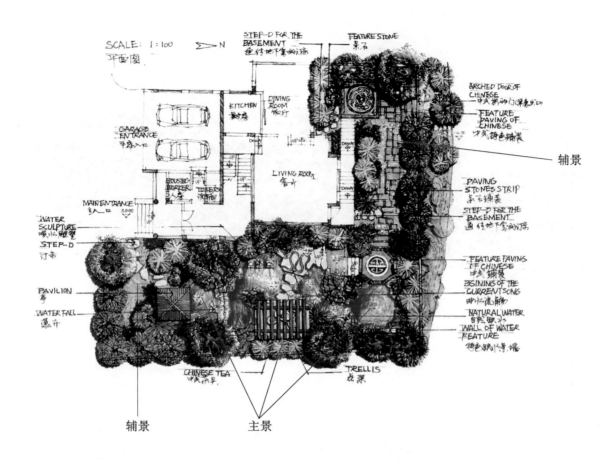

辅景

辅景　　　主景

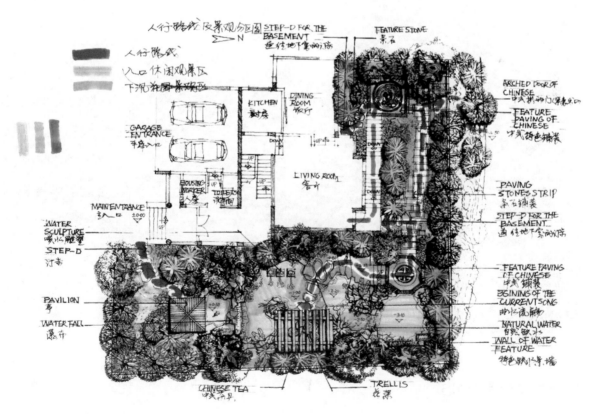

图 4-7　别墅庭院设计案例 2

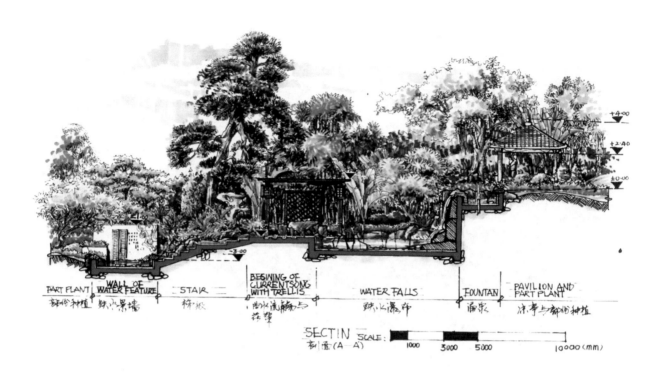

PART PLANT | WALL OF WATER FEATURE | STAIR | BESIWING OF CURRENTSONG WITH TRELLIS | WATER FALLS | FOUNTAN | PAVILION AND PART PLANT

部分种植 | 跌水景墙 | 梯级 | 出水流畅与花架 | 跌水瀑布 | 涌泉 | 凉亭与部分种植

SECTIN SCALE: 1000 3000 5000 10000 (mm)
剖面(A—A)

图 4-8　别墅庭院设计案例 3

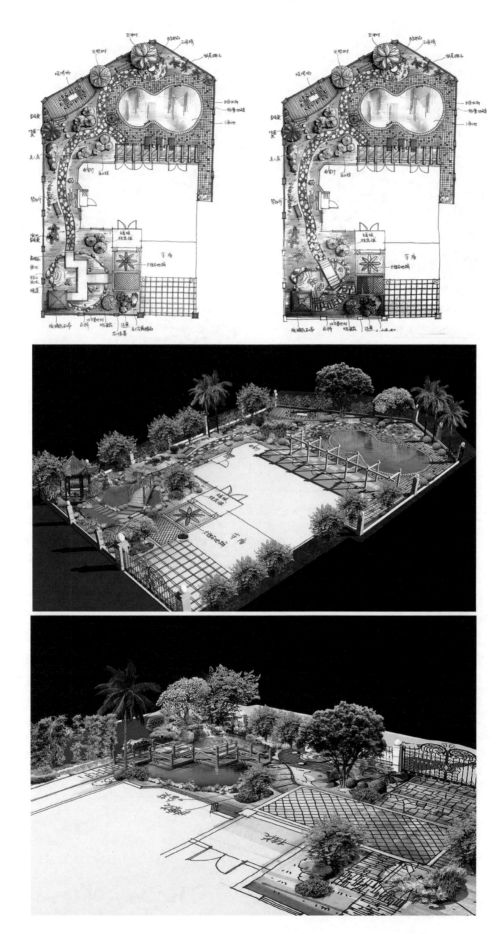

图 4-9　别墅庭院设计案例 4

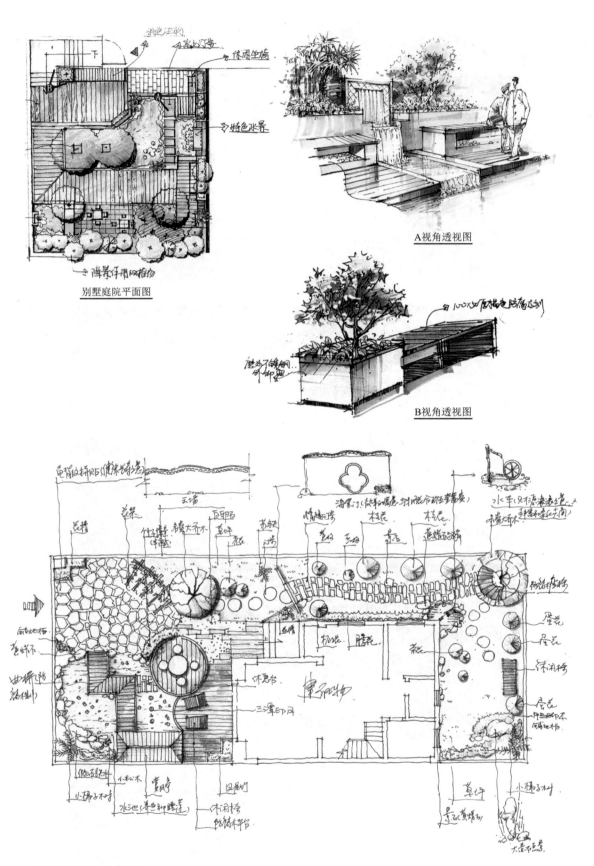

别墅庭院平面图

A视角透视图

B视角透视图

图 4-10　别墅庭院设计案例 5

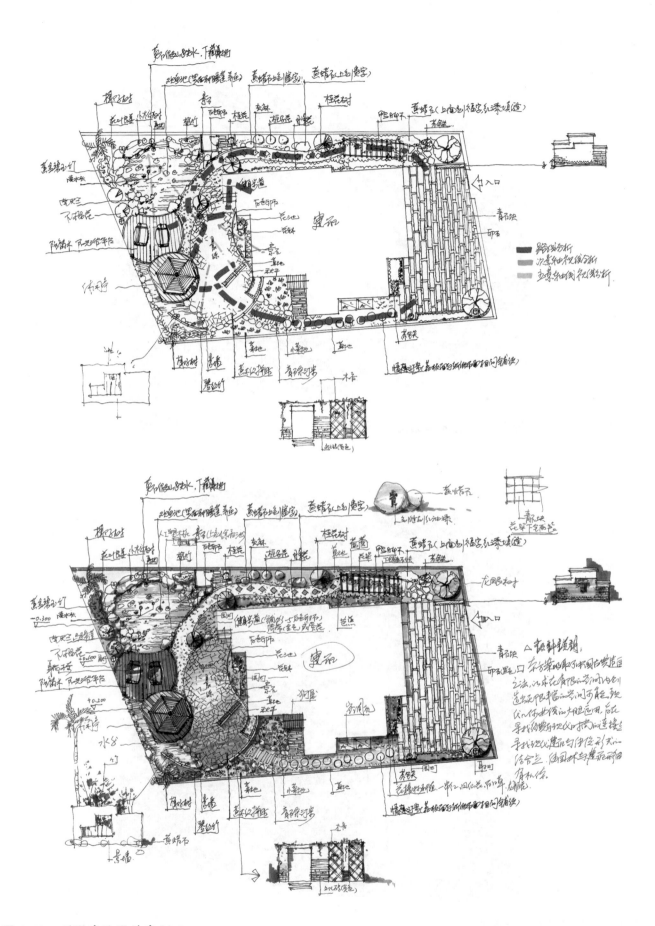

图 4-11 别墅庭院设计案例 6

图 4-12 别墅庭院设计案例 7

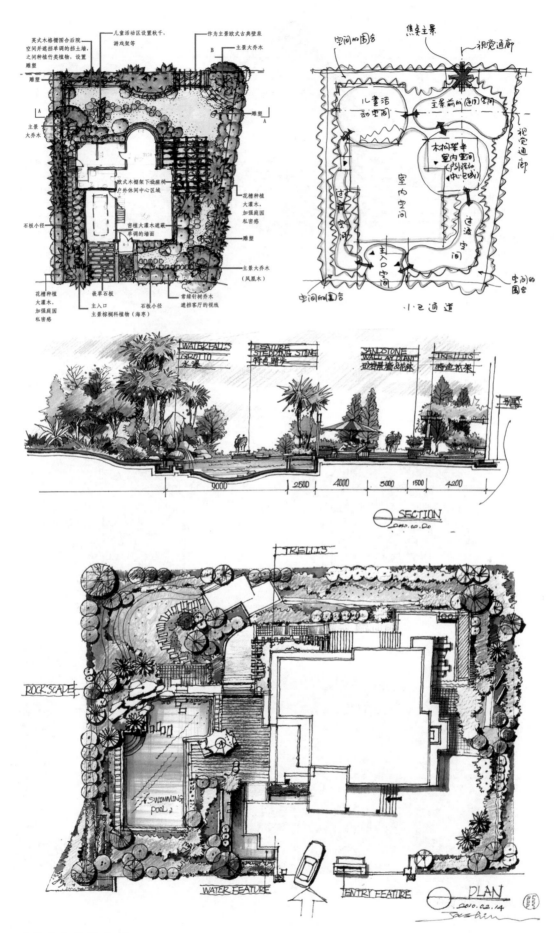

图 4-13　别墅庭院设计案例 8

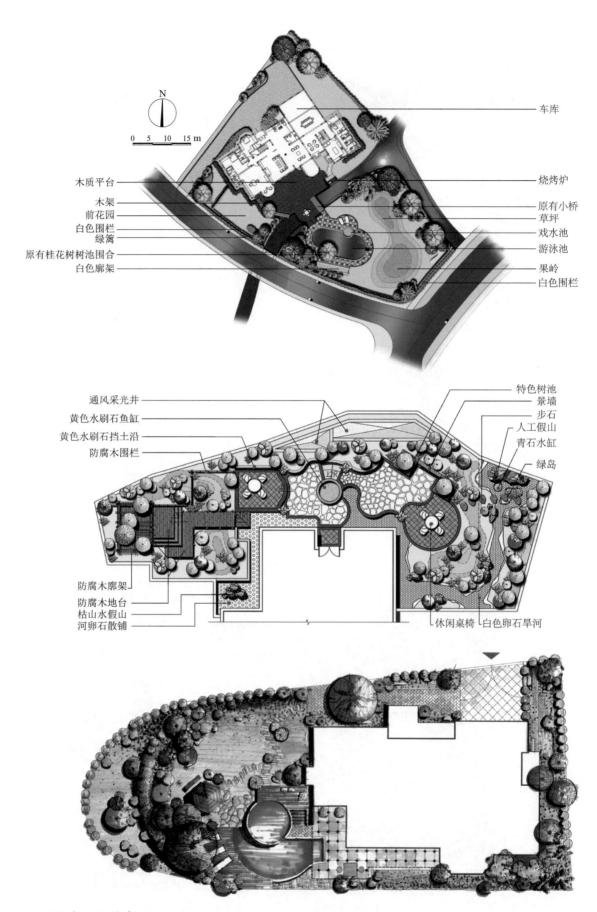

N

0 5 10 15 m

车库

木质平台

木架
前花园
白色围栏
绿篱
原有桂花树树池围合
白色廊架

烧烤炉

原有小桥
草坪
戏水池
游泳池

果岭
白色围栏

通风采光井

黄色水刷石鱼缸

黄色水刷石挡土沿

防腐木围栏

特色树池
景墙
步石
人工假山
青石水缸

绿岛

防腐木廊架
防腐木地台
枯山水假山
河卵石散铺

休闲桌椅 白色卵石旱河

图 4-14 别墅庭院设计案例 9

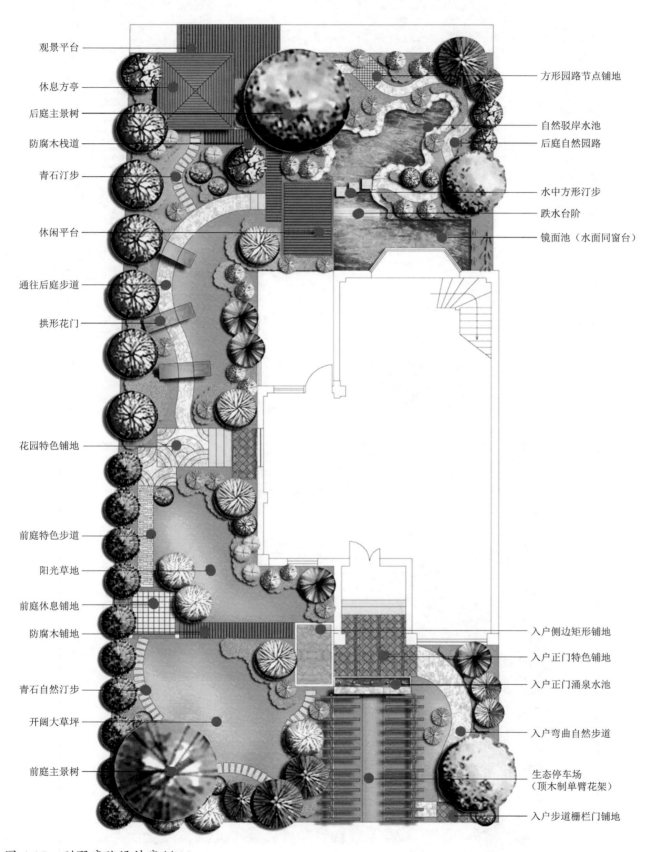

观景平台

休息方亭

后庭主景树

防腐木栈道

青石汀步

休闲平台

通往后庭步道

拱形花门

花园特色铺地

前庭特色步道

阳光草地

前庭休息铺地

防腐木铺地

青石自然汀步

开阔大草坪

前庭主景树

方形园路节点铺地

自然驳岸水池

后庭自然园路

水中方形汀步

跌水台阶

镜面池（水面同窗台）

入户侧边矩形铺地

入户正门特色铺地

入户正门涌泉水池

入户弯曲自然步道

生态停车场
（顶木制单臂花架）

入户步道栅栏门铺地

图 4-15　别墅庭院设计案例 10

图 4-16 别墅庭院设计案例 11

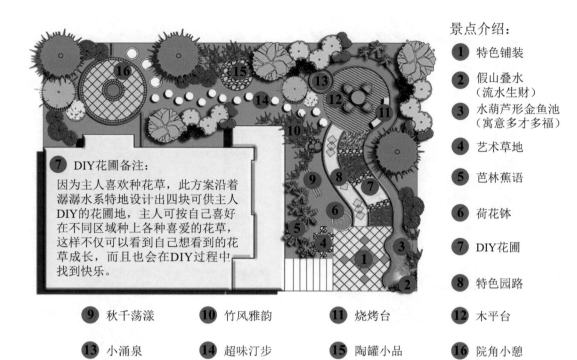

景点介绍:

1 特色铺装

2 假山叠水
（流水生财）

3 水葫芦形金鱼池
（寓意多才多福）

4 艺术草地

5 芭林蕉语

6 荷花钵

7 DIY花圃

8 特色园路

7 DIY花圃备注:

因为主人喜欢种花草，此方案沿着潺潺水系特地设计出四块可供主人DIY的花圃地，主人可按自己喜好在不同区域种上各种喜爱的花草，这样不仅可以看到自己想看到的花草成长，而且也会在DIY过程中找到快乐。

9 秋千荡漾　　**10** 竹风雅韵　　**11** 烧烤台　　**12** 木平台

13 小涌泉　　**14** 超味汀步　　**15** 陶罐小品　　**16** 院角小憩

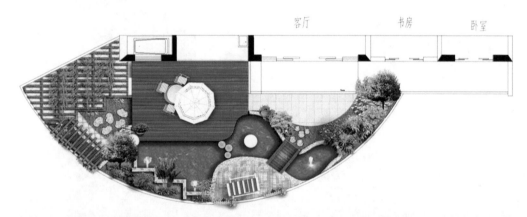

图 4-17　别墅庭院设计案例 12

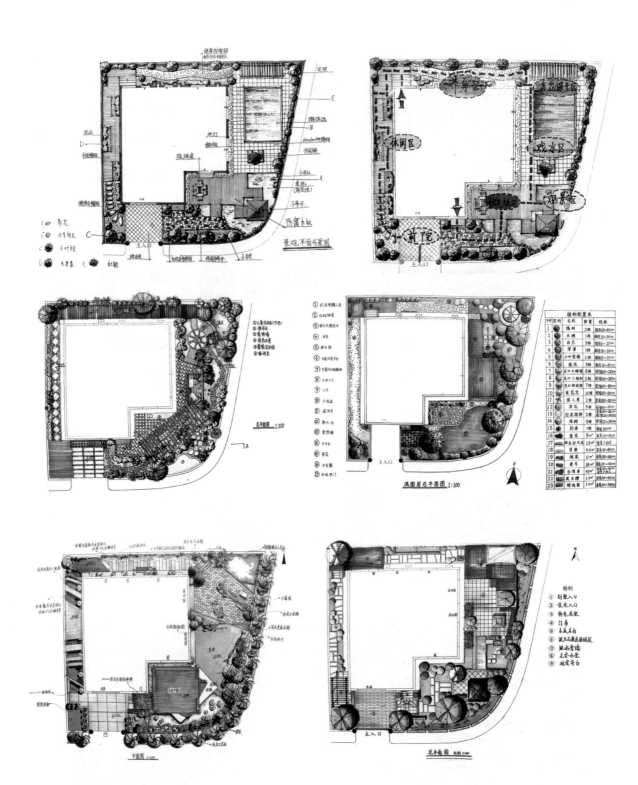

图 4-18 别墅庭院设计案例 13

1. 临摹 2 幅别墅庭院平面布置图。
2. 创作 2 幅别墅庭院平面布置图。

美丽乡村设计案例赏析如图 5-1 ～图 5-78 所示。

图 5-1　美丽乡村设计素材 1

图 5-2　美丽乡村设计素材 2

图 5-3　美丽乡村设计素材 3

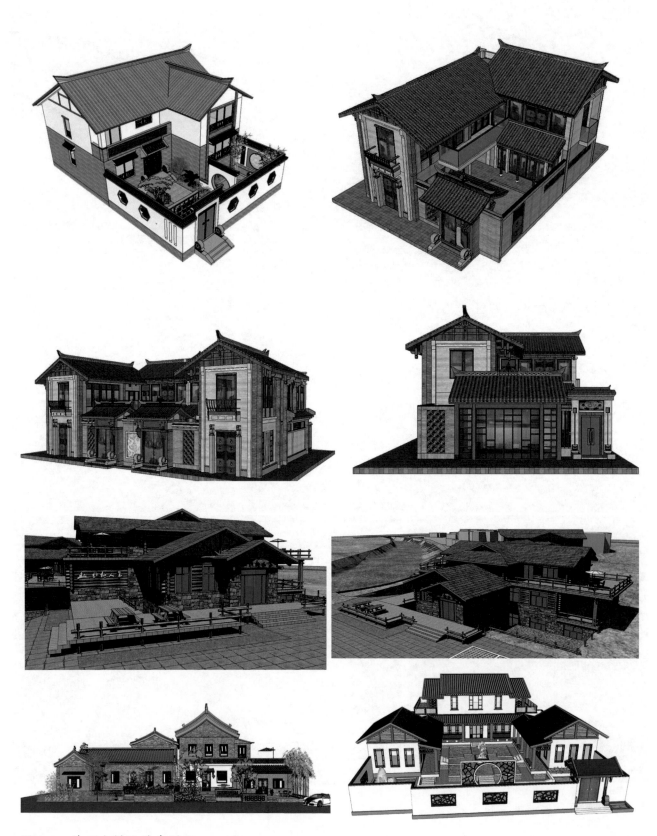

图 5-4　美丽乡村设计素材 4

图 5-5　美丽乡村设计素材 5

图 5-6 美丽乡村设计素材 6

图 5-7 美丽乡村设计素材 7

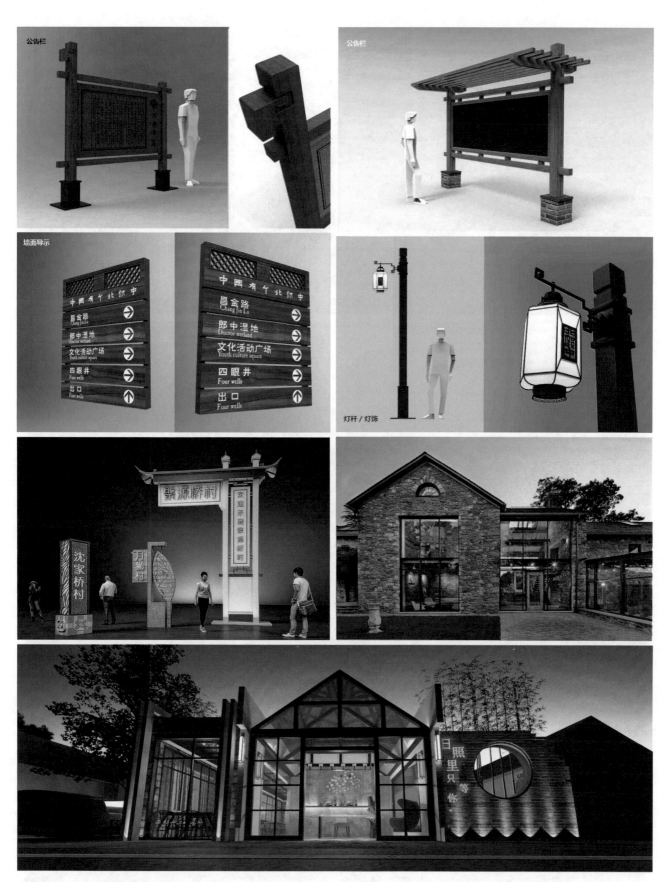

图 5-8　美丽乡村设计素材 8

图 5-9　美丽乡村设计素材 9

图 5-10　美丽乡村设计素材 10

图 5-11　美丽乡村设计素材 11

图 5-12　美丽乡村设计素材 12

图 5-13　美丽乡村设计素材 13

图 5-14　美丽乡村设计素材 14

图 5-15　美丽乡村设计素材 15

图 5-16   美丽乡村设计素材 16

图 5-17   美丽乡村设计素材 17

图 5-18　美丽乡村设计素材 18

图 5-19　美丽乡村设计素材 19

民宿设计意向图
Residential Design Intent Map

图 5-20　美丽乡村设计素材 20

民宿设计意向图
Residential Design Intent Map

图 5-21　美丽乡村设计素材 21

民宿设计意向图
Residential Design Intent Map

图 5-22　美丽乡村设计素材 22

民宿设计意向图
Residential Design Intent Map

图 5-23　美丽乡村设计素材 23

民宿设计意向图
Residential Design Intent Map

图 5-24　美丽乡村设计素材 24

民宿设计意向图
Residential Design Intent Map

图 5-25　美丽乡村设计素材 25

民 宿 设 计 意 向 图
Residential Design Intent Map

图 5-26　美丽乡村设计素材 26

民 宿 设 计 意 向 图
Residential Design Intent Map

图 5-27　美丽乡村设计素材 27

无锡灵山拈花湾示范区

灵山小镇拈花湾示范区

关键字：精致细腻、简洁干净、空灵禅意

示范区景观把"品质偏执狂"的态度演绎到每一个细节。

一片瓦、一丛苔藓、一堵土墙、一块石头、一排竹篱笆、一个茅草屋顶都经过了精心的推敲。

图 5-28　美丽乡村设计案例 1

杭州安缦法云

杭州安缦法云

关键字：中式禅意、山林野趣、文脉深厚

法云安缦位于西湖西侧的山谷之间，周围为农田、寺庙、竹林和苍翠的群山所环绕。其设计概念为："18 世纪的中国村落"，尽量保持了杭州原始村落的木头及砖瓦结构。小石铺路，曲径通幽。

图 5-29　美丽乡村设计案例 2

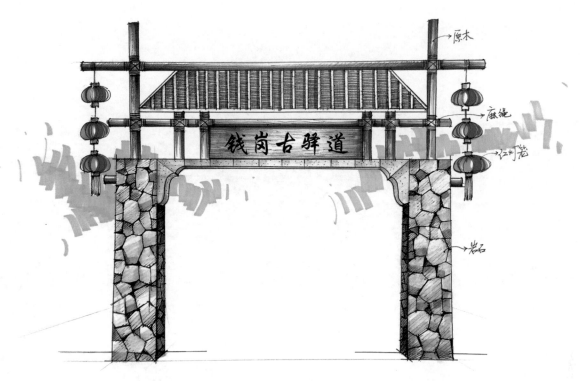

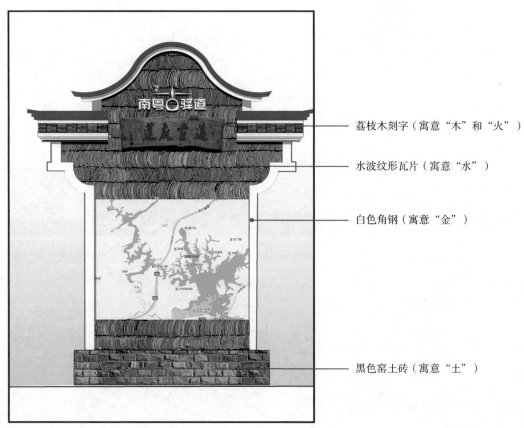

荔枝木刻字（寓意"木"和"火"）

水波纹形瓦片（寓意"水"）

白色角钢（寓意"金"）

黑色窑土砖（寓意"土"）

设计要点说明：

1.标识牌整体造型与入口广场的造型相呼应，实现了整体造型的协调、统一；

2.标识牌的造型外观仿佛一个张开双手拥抱你的人，显得亲切、怡人；

3.标识牌的设计融入了中华传统文化中的五行相生相克理论，隐喻出对传统文化的尊重和传承。

图 5-30　美丽乡村设计案例 3

图 5-31　美丽乡村设计案例 4

节点效果 | 增江街道白湖村入口改造设计

图 5-32　美丽乡村设计案例 5（1）

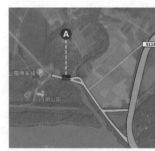

节点效果 | 增江街道白湖村入口改造设计

图 5-33　美丽乡村设计案例 5（2）

A点效果图

节点效果 | 增江街道白湖村入口改造设计

图 5-34　美丽乡村设计案例 5（3）

D点效果图

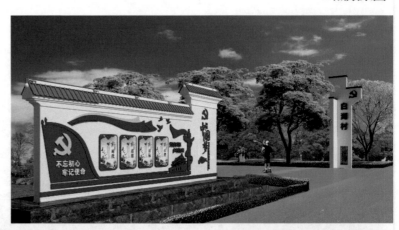

临省道入口
驳岸 | 林荫道

节点效果 | 增江街道白湖村入口改造设计

图 5-35　美丽乡村设计案例 5（4）

节点效果 | 增江街道白湖村入口改造设计

图 5-36　美丽乡村设计案例 5（5）

节点效果 | 增江街道白湖村入口改造设计

图 5-37　美丽乡村设计案例 5（6）

图 5-38　美丽乡村设计案例 6

1.客房能容纳：45人
2.餐厅能容纳约：56人
3.前台：1个
4.办公室：1个
5.办公人员休息室：1个
6.厨房：1个
7.公共卫生间：1个

1F LAYOUT PLAN 平面布置图

广州市从化区吕田镇莲麻村民宿旅馆
GUANG ZHOU SHI CONG HUA LV TIAN ZHEN LIAN MA CUN MIN SU LV GUAN

图 5-39 美丽乡村设计案例 7（1）

图 5-40 美丽乡村设计案例 7（2）

图 5-41 美丽乡村设计案例 7（3）

图 5-42 美丽乡村设计案例 7（4）

图 5-43　美丽乡村设计案例 7（5）

图 5-44　美丽乡村设计案例 7（6）

图 5-45　美丽乡村设计案例 7（7）

图 5-46　美丽乡村设计案例 7（8）

图 5-47 美丽乡村设计案例 8（1）

记得乡愁
REMEMBER THE HOMESICKNESS

目录 CONTENT

解 读 UNDERSTANDING
    项目区位
    区域脉络
    项目范围
    总平面图
演 绎 EVOLUTION
    新村平面
    流线分析
    空间层次
    放大平面/效果图
    铺装设计原则
    新村铺装详图
    小品专项
    小品意向
    标识意向
    灯光布置
    照明意向
    老街现状评价
    老街平面
    放大平面
    老街剖面
    老街铺装详图
    老街铺装意向
    矮墙意向
    围墙护栏意向
策 略 STRATEGY
    地表排水
    植栽设计原则
    植栽设计意向

图 5-48 美丽乡村设计案例 8（2）

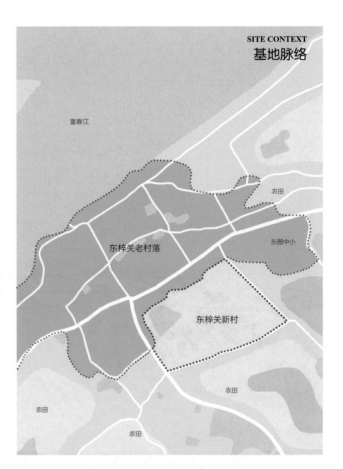

解读 富阳场口镇东梓关农居一期景观概念设计

图 5-49 美丽乡村设计案例 8（3）

解读 富阳场口镇东梓关农居一期景观概念设计

图 5-50 美丽乡村设计案例 8（4）

場口镇东梓关现存清朝末年民国初期的建筑很多，许家大院，"十房头"安雅堂、石庙、许春和大药房，许家四房、五房、六房、八房、朱家三堂楼和王家大院等，它们散布在村内各处，在一个弄堂的拐角，在庙凸头香樟树的浓荫后面，每个房子都有一段故事，都有一段历史。

許家
十房
LOCAL
MEMORY

解读┃富阳场口镇东梓关农居一期景观概念设计

图 5-51　美丽乡村设计案例 8（5）

民俗
傳承
FOLK
INHERITANCE

酿制白酒　舞龙灯　饲养家禽　钓鱼　裹粽子　乘风凉　百村篮球赛
下象棋　社戏　串门　散步
种菜　手工油面筋　打麻将　聊天　祭祀活动
打牌　摆摊　露天电影　打年糕　广场舞

解读┃富阳场口镇东梓关农居一期景观概念设计

图 5-52　美丽乡村设计案例 8（6）

RURAL LANDSCAPE
乡村景观
———什么是乡村景观？
启示 富阳场口镇东梓关农居一期景观概念设计

图 5-53　美丽乡村设计案例 8（7）

RURAL LANDSCAPE
乡村景观
———什么是乡村景观？
从地域范围：泛指城市以外的景观，包括了城郊、乡村以及原生地貌等景观。
从景观构成：包括了乡村聚落、农耕田园、民俗文化、自然环境等元素构成。
从景观特征：人为景观与自然景观的复合体，人类的干扰程度较低，景观的自然属性较强，自然环境在景观中占主体，农业景观和田园化的生活方式为最大特征。
启示 富阳场口镇东梓关农居一期景观概念设计

图 5-54　美丽乡村设计案例 8（8）

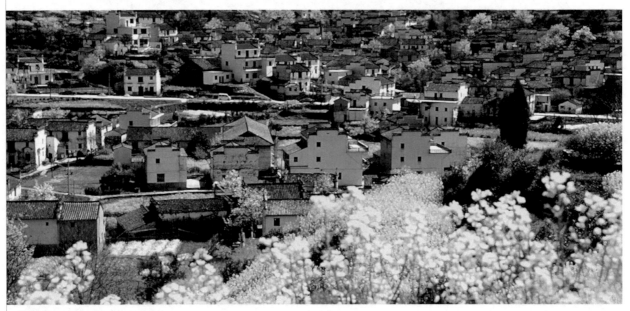

交通场景
步行、非机动车为主

社交场景
邻里交流、娱乐休憩

民俗场景
红白喜事、庆典贺喜

农耕场景
日出而作、日落而息

启示 | 富阳场口镇东梓关农居一期景观概念设计

图 5-55　美丽乡村设计案例 8（9）

价值取得
实用性大于观赏性

界面处理
以硬质界面为主，绿化空间较少，
少量布置生活设施

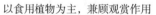

植栽选种
以食用植物为主，兼顾观赏作用

启示 | 富阳场口镇东梓关农居一期景观概念设计

图 5-56　美丽乡村设计案例 8（10）

利用小碎石料
廉价、原料易得

废旧材料的再利用
利用各种废旧材料形成丰富的肌理

就地取材
采用乡土材料

启示 ▎富阳场口镇东梓关农居一期景观概念设计

图 5-57　美丽乡村设计案例 8（11）

江西婺源县理坑村

地理位置：江西省上饶市婺源县沱川乡，原名理源，距婺源县城东北45公里。

时　　间：于1206年建村，明清时期达到鼎盛。

建筑形态：徽派建筑，清雅简淡，因陋就简的朴素美，邻里之间的空间以硬质为主，强调实用性。

建筑布局：邻水而居，自然式的生态肌理，建筑间自然形成邻里交流空间，具有明确的街坊、街巷、大院、小院的空间层次。

浙江建德市新叶村

地理位置：浙江省建德市大磁岩镇，距大慈岩风景名胜区6公里，距诸葛八卦村11公里。

时　　间：建于南宋嘉定十二年（1219年），距今780年历史。

建筑形态：明清建筑群，与皖南、赣北的近似。

建筑布局：新叶村的整个群落建筑，以五行九宫布局，包含着中国传统的天人合一的哲学思想。村里的街巷有上百条之多，这些街巷，宽的近3米，窄的只有80厘米，两侧房子高而封闭，巷子窄而幽深。

浙江富阳区龙门镇

地理位置：浙江省杭州市富阳区，位于富阳区南侧25公里。

时　　间：孙权后裔繁衍，距今1000年历史。

建筑形态：明清建筑群。

建筑布局：通过古镇的主要水系、街道、居住空间和神祇空间进行有机的分割和组织。每个建筑都有独立厅堂，形成了以"厅堂为中心的厅屋组合院落"。

启示 ▎富阳场口镇东梓关农居一期景观概念设计

图 5-58　美丽乡村设计案例 8（12）

巷、街、坦分析对比

巷

街

坦

线形半公共空间和私密空间，一般巷由建筑侧立面围合而成，宽度在0.8 m~8 m之间，主要承担村落人行交通功能，承担部分邻里交流功能。

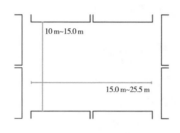

线形公共空间，一般由建筑正立面围合而成，宽度在2 m~4 m之间，主要承担交通功能，通过性与停留性并存，兼具商业配套功能，部分邻里交流、娱乐活动等功能。

具围合感，有当今广场作用的公共聚合空间，一般位于村落祠堂、活动中心前，场地大小约150平方米~250平方米，主要承担村落大型聚会活动，如节日庆典、祭祖等，承担部分集市功能。

启示 富阳场口镇东梓关农居一期景观概念设计

图 5-59　美丽乡村设计案例 8（13）

巷道分析

婺源理坑村

建德新叶村

富阳龙门镇

巷道分析：

硬质景观
1. 一般古村落巷道宽度在1 m~2 m之间。
2. 巷道景观基本以硬质为主，方便通行。
3. 铺装以青石板、碎石、青砖、卵石为主。

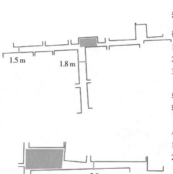

软质景观
较少植物配置，植物景观以经济食用植物为主。

小品装饰
1. 节庆日灯笼、窗花剪纸等手工艺术品。
2. 石凳、石臼等生活设施。

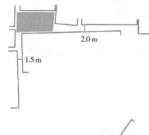

活动类型
1. 通过性场地，以人行为主。
2. 邻里间交流等自发性娱乐活动。

总结：
1. 巷道主要承载通行功能，以硬质铺装为主，几乎没有软质景观。
2. 绿化设置以经济食用型植物为主，兼顾美观，如枇杷、葡萄、丝瓜、石榴等。
3. 小品以生活设施为主，如石凳、石臼等。
4. 主要邻里活动发生在巷道交叉口，且具"门效应"即活动易发生于私密的内部空间和属于公共的外部空间之间的过渡性界面。

启示 富阳场口镇东梓关农居一期景观概念设计

图 5-60　美丽乡村设计案例 8（14）

婺源理坑村

建德新叶村

富阳龙门镇

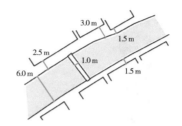

3.0 m
2.5 m 1.5 m
6.0 m 1.0 m
1.5 m

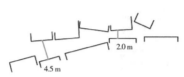

4.5 m 2.0 m

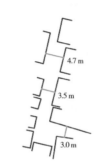

4.7 m
3.5 m
3.0 m

巷道分析：

硬质景观
1. 一般古村落巷道宽度在 2 m~4 m 之间。
2. 道德景观基本以硬质铺装为主。
3. 街道场地往往采用石板满铺，一般街道中间铺石板，两侧嵌碎石（卵石）。

软质景观
1. 较少的植物配置，栽植少量绿化软化界面。
2. 以本地树种为主。

小品装饰
1. 主要以建筑门、窗的形态丰富界面。
2. 配套商业招牌、节庆日灯笼等装饰品。
3. 石凳、石臼等生活设施。

活动类型
1. 通过性与停留性并存。
2. 配套商业活动。
3. 邻里交流，部分娱乐（打牌、麻将）活动。

结论：
1. 街道界面以硬质铺装为主，几乎没有软质景观，强调实用性。铺装变化相对丰富，以强调不同的功能或节点。
2. 绿化以本土植物为主，丰富界面，软化场景。
3. 小品以生活设施为主，如石凳、石臼等。
4. 主要承载通行功能、邻里交流、娱乐活动、商业配套等功能。

启示｜富阳场口镇东梓关农居一期景观概念设计

图 5-61　美丽乡村设计案例 8（15）

————我们需要怎么样的乡村景观？

● 立足时代（时代需求：使景观符合时代背景，适应现代生活习惯）

立足地域（地域需求：充分挖掘地域特色，包括文化、历史等因素）

演绎｜富阳场口镇东梓关农居一期景观概念设计

图 5-62　美丽乡村设计案例 8（16）

传统村落
村口大树、铺装、小品、毛石墙、水井……

本案建筑
建筑立面、围墙压顶、屋顶瓦片……

国外村落
攀爬植物、盆栽植物……

演绎 富阳场口镇东梓关农居一期景观概念设计

图 5-63　美丽乡村设计案例 8（17）

PERSPECTIVE
"巷道"交叉口效果图

演绎 富阳场口镇东梓关农居一期景观概念设计

图 5-64　美丽乡村设计案例 8（18）

图例:
▷ 车行入口
▶ 人行入口
— 车行道
— 人行道
住宅主入口
住宅次入口

0 5 10   20 m   N

演绎 | 富阳场口镇东梓关农居一期景观概念设计

图 5-65　美丽乡村设计案例 8（19）

图例:
1 邻里空间
2 石凳
3 水井
4 花罐
5 石板路（巷道）
6 廊架
7 入户口
8 庭院

0 1 2   4 m   N

演绎 | 富阳场口镇东梓关农居一期景观概念设计

图 5-66　美丽乡村设计案例 8（20）

174

演绎┃富阳场口镇东梓关农居一期景观概念设计

图 5-67　美丽乡村设计案例 8（21）

循环利用
回收老村落废弃的砖、瓦、石板等材料
进行再利用

就地取材
采用基地附近易得的材料
节约造价成本

延续传统
溯源传统村落铺装样式
结合现代生活方式

演绎┃富阳场口镇东梓关农居一期景观概念设计

图 5-68　美丽乡村设计案例 8（22）

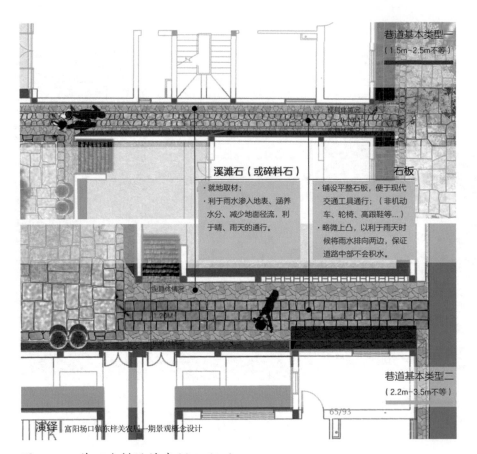

巷道基本类型一
（1.5m~2.5m不等）

溪滩石（或碎料石）
· 就地取材；
· 利于雨水渗入地表、涵养水分、减少地面径流，利于晴、雨天的通行。

石板
· 铺设平整石板，便于现代交通工具通行；（非机动车、轮椅、高跟鞋等...）
· 略微上凸，以利于雨天时候将雨水排向两边，保证道路中部不会积水。

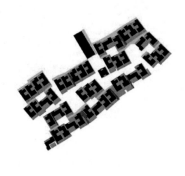

巷道基本类型二
（2.2m~3.5m不等）

演绎 富阳场口镇东梓关农居一期景观概念设计

图 5-69 美丽乡村设计案例 8（23）

演绎 富阳场口镇东梓关农居一期景观概念设计

图 5-70 美丽乡村设计案例 8（24）

水井

石臼

石钵

演绎┃富阳场口镇东梓关农居一期景观概念设计

图 5-71　美丽乡村设计案例 8（25）

演绎┃富阳场口镇东梓关农居一期景观概念设计

图 5-72　美丽乡村设计案例 8（26）

演绎┃富阳场口镇东梓关农居一期景观概念设计

图 5-73　美丽乡村设计案例 8（27）

演绎┃富阳场口镇东梓关农居一期景观概念设计

图 5-74　美丽乡村设计案例 8（28）

演绎┃富阳场口镇东梓关农居一期景观概念设计

图 5-75　美丽乡村设计案例 8（29）

● 利用可渗透的地面铺装，减轻地面排水压力，并且补给地下水。

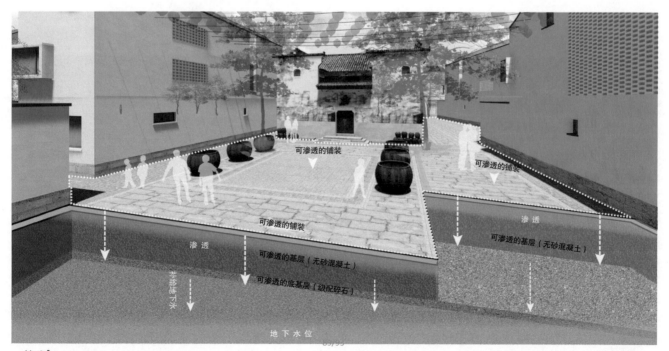

策略┃富阳场口镇东梓关农居一期景观概念设计

图 5-76　美丽乡村设计案例 8（30）

- 植栽设计思路：
  1. 配合建筑及硬质形式，以简洁干净的配置手法进行营造；
  2. 街、巷植栽种植空间少，以地被开花植物为主；
  3. 广场为集聚空间，植栽设计考虑遮荫，种植伞型大树；
  4. 村落周边绿地设计背景林，增加绿量；

- 植栽品种意向：
  1. 选用乡土树种；
  2. 选用药用植物；
  3. 选用开花结果植物；
  4. 选用易打理的地被植物
- 植栽品种：
  村头树：无患子、香樟、沙朴；
  特色树种：梓树；
  乔木及亚乔树种：柿子树、无花果、香椿、桑树；
  药用树种：艾草、芍药、夏枯草、车前草；

图 5-77　美丽乡村设计案例 8（31）

图 5-78　美丽乡村设计案例 8（32）

参 考 文 献

[1] 王受之. 世界现代建筑史 [M]. 北京：中国建筑工业出版社，1999.

[2] 王受之. 世界现代设计史. 广州：新世纪出版社，1995.

[3] 李泽厚. 美的历程. 天津：天津社会科学院出版社，2001.

[4] 史春珊，孙清军. 建筑造型与装饰艺术. 沈阳：辽宁科学技术出版社，1988.

[5] 热尔曼. 巴赞. 艺术史. 刘明毅，译. 上海：上海美术出版社，1989.

[6] 许亮，董万里. 室内环境设计. 重庆：重庆大学出版社，2003.

[7] 尹定邦. 设计学概论. 长沙：湖南科学技术出版社，2001.

[8] 席跃良. 设计概论. 北京：中国轻工业出版社，2004.

[9] 尚磊. 景观规划设计方法与程序. 北京：中国水利水电出版社，2007.

[10] 孔德政. 庭院绿化与室内植物装饰. 北京：中国水利水电出版社，2007.